跟着电网企业劳模学系列培训教材

电力人工智能技术及应用

国网浙江省电力有限公司　组编

中国电力出版社
CHINA ELECTRIC POWER PRESS

内 容 提 要

本书是“跟着电网企业劳模学系列培训教材”之《电力人工智能技术及应用》分册，以人工智能技术发展历程为切入点，深入介绍电力人工智能技术的理论知识，并以实际应用案例加深读者对电力人工智能技术应用的认识和理解。本书共四章，包括人工智能概念及发展历史、机器学习、电力相关人工智能技术和电力人工智能典型应用分析等内容。

本书可供电力人工智能技术应用方向的专业技术人员学习参考。

图书在版编目（CIP）数据

电力人工智能技术及应用 / 国网浙江省电力有限公司组编 .—北京：中国电力出版社，2022.4

跟着电网企业劳模学系列培训教材

ISBN 978-7-5198-6563-4

Ⅰ.①电… Ⅱ.①国… Ⅲ.①人工智能－应用－电力工程－技术培训－教材 Ⅳ.①TM76-39

中国版本图书馆 CIP 数据核字（2022）第 035032 号

出版发行：中国电力出版社
地　　址：北京市东城区北京站西街 19 号（邮政编码 100005）
网　　址：http://www.cepp.sgcc.com.cn
责任编辑：王蔓莉
责任校对：黄　蓓　于　惟
装帧设计：张俊霞　赵姗姗
责任印制：石　雷

印　　刷：三河市万龙印装有限公司
版　　次：2022 年 4 月第一版
印　　次：2022 年 4 月北京第一次印刷
开　　本：710 毫米 ×980 毫米　16 开本
印　　张：7
字　　数：99 千字
定　　价：30.00 元

丛书序

国网浙江省电力有限公司在国家电网有限公司领导下，以努力超越、追求卓越的企业精神，在建设具有卓越竞争力的世界一流能源互联网企业的征途上砥砺前行。建设一支爱岗敬业、精益专注、创新奉献的员工队伍是实现企业发展目标、践行“人民电业为人民”企业宗旨的必然要求和有力支撑。

国网浙江公司为充分发挥公司系统各级劳模在培训方面的示范引领作用，基于劳模工作室和劳模创新团队，设立劳模培训工作站，对全公司的优秀青年骨干进行培训。通过严格管理和不断创新发展，劳模培训取得了丰硕成果，成为国网浙江公司培训的一块品牌。劳模工作室成为传播劳模文化、传承劳模精神，培养电力工匠的主阵地。

为了更好地发扬劳模精神，打造精益求精的工匠品质，国网浙江公司将多年劳模培训积累的经验、成果和绝活，进行提炼总结，编制了《跟着电网企业劳模学系列培训教材》。该丛书的出版，将对劳模培训起到规范和促进作用，以期加强员工操作技能培训和提升供电服务水平，树立企业良好的社会形象。丛书主要体现了以下特点：

一是专业涵盖全，内容精尖。丛书定位为劳模培训教材，涵盖规划、调度、运检、营销等专业，面向具有一定专业基础的业务骨干人员，内容力求精练、前沿，通过本教材的学习可以迅速提升员工技能水平。

二是图文并茂，创新展现方式。丛书图文并茂，以图说为主，结合典型案例，将专业知识穿插在案例分析过程中，深入浅出，生动易学。除传统图文外，创新采用二维码链接相关操作视频或动画，激发读者的阅读兴趣，以达到实际、实用、实效的目的。

三是展示劳模绝活，传承劳模精神。“一名劳模就是一本教科书”，丛书对劳模事迹、绝活进行了介绍，使其成为劳模精神传承、工匠精神传播的载体和平台，鼓励广大员工向劳模学习，人人争做劳模。

丛书既可作为劳模培训教材，也可作为新员工强化培训教材或电网企业员工自学教材。由于编者水平所限，不到之处在所难免，欢迎广大读者批评指正！

最后向付出辛勤劳动的编写人员表示衷心的感谢！

丛书编委会

前　言

人工智能技术作为新一轮科技革命和产业变革的重要驱动力量，已经成为互联网企业、央企、科研院所等单位的主要攻关方向及应用领域。随着双碳目标的提出及新型电力系统的变革，人工智能作为重要的技术途径，正在能源电力生产、运行、管理、对外服务方面发挥着不可替代的重要作用，广泛应用于新型电力系统生产、传输、存储、消费各领域，有效支撑电力业务提质增效，促进电力行业高质量发展。本书紧密结合电力业务场景，围绕电力人工智能技术应用，系统介绍了人工智能技术发展历程、监督学习、深度学习、强化学习、智能语音技术、图像识别技术、自然语言处理技术和知识图谱技术等相关知识，并在第四章结合电力人工智能典型应用案例，对人工智能技术在电力行业的结合应用进行深度的剖析。本书图文并茂，内容讲解透彻，有利于提高电力行业中人工智能技术的应用水平，推动电力业务场景向数字化、智能化发展。

本书可供电力行业技术人员阅读，也可用于电力行业入职新员工培训的参考资料。

限于编写时间和编者水平，不足之处在所难免，敬请各位读者批评指正。

编　者

2022 年 4 月

目　录

劳模个人简介

王红凯劳模，正高级工程师，现任国网浙江省电力有限公司信通公司副总工程师、新技术研究中心主任，主要负责电网信息化建设，善于解决生产、技术上的疑难杂症，运用个人专业技能带领团队解决工作实际问题，曾获得联合国可持续发展目标中国先锋、全国青年岗位能手标兵、浙江省技术能手和“浙江工匠”等荣誉称号。

王红凯对待工作兢兢业业，工作中遇到困难从不放弃。2015年，在信息系统运维工作设备数量大、维护复杂、人力资源紧缺的情况下，他牵头进行运维自动化能力建设，发展了硬件自发现、软件自动化部署、系统自动化巡检等功能，信息系统自动化运维水平显著提升。

关键时刻，他敢当先锋。2020年初突发新冠疫情，面对严峻的疫情形势，他积极投入抗疫一线，负责开展中小微企业复工复产、居民用电恢复等电力大数据分析挖掘工作，积极助力各级政府抗击疫情和在复工复产中精准施策。

王红凯在电力行业技术革新和改造等方面做出了较大贡献，近3年编制并发布国家电网有限公司企业标准3项，发表论文35篇，获授权发明专利19项，实用新型专利10项，获科技奖项9项。其中，“电力终端攻击检测与安全防护关键技术及应用”获国家电网公司技术发明二等奖、浙江省科学技术进步二等奖，“电力信息网络空间安全态势感知和移动防护技术与应用”获浙江省科学技术进步三等奖，均取得了较大的经济和社会效益。

王红凯充分发挥劳模创新工作室“专家型定位、虚拟化形式、人才孵化器”的特点和亮点，形成内部相互学习、共同成长的良好氛围。他通过担任技能竞赛教练和参与劳模创新课题等途径，将多年积累的实践经验毫无保留地传授给年轻人，他关心青年员工的成长，多次获国网浙江省电力有限公司百对好师徒荣誉。通过模范引领、技术带头、培育新人，使工作室成为发挥职能、展示才能的舞台、培养优秀人才的沃土、攻坚克难的生力军。

第一章

概　　述

第一节 人工智能概念

人工智能是指能够让机器拥有类似于人类智力的技术。此项技术的目的是使机器具备感知、思考、行动和解决问题的能力。人工智能技术领域内容跨度广，包括自然语言处理、计算机视觉、机器人、逻辑和规划等多领域知识，也可视为计算机技术的子领域。同时，它与心理学、认知科学、社会学等学科也存在交叉内容。

人工智能技术最初的目的是创造具备通用能力、超越人类智力和可作为系统运行的机器，但由于其本身的复杂性，人工智能的研究往往专注于某一个具体领域的问题。机器学习则是人工智能技术重点关注和研究的领域之一。

机器学习是指计算机通过观察环境、与周围环境交互，在信息的吸收过程中进行学习、自我更新和进步。大部分机器学习算法可以分为训练和测试两个步骤，两个步骤可以重叠进行。训练，即以计算机能够理解的方式告诉机器前人的经验，使得计算机能够对任务目标产生一个清晰的感知状态。以电力巡检目标检测任务为例，即以数据标注、图像特征学习、图像特征提取等手段告诉机器什么是销钉、什么是三角板、什么是防振锤等，使机器能够正确学习目标物体的图像特征信息。经过训练学习后的识别代码经过封装后可视为模型。训练包括有监督学习和无监督学习两类方式。有监督学习类似于每一步训练都能够得到正确的答案和指引，让机器进行自我修正。无监督学习仅靠观察自学，由机器自己从数据中探索和学习数据的特征和模式。

第二节 人工智能历史

一、人工智能技术发展历程

第一次人工智能浪潮大约出现在 20 世纪 50 年代，约翰·麦卡锡在

1956年的达特茅斯人工智能研讨会上正式提出"人工智能"的概念，被公认为是现代人工智能学科的起始。从20世纪50年代到80年代，研究者证明计算机经过特殊设定后可以实现一定程度的自然语言理解。在实验室环境下，机器人能够进行逻辑判断、搭积木，小车可在限定环境下实现自动驾驶，机器鼠可针对不同的路径和障碍做出路径选择决策。

在人工智能发展前期，尽管理论研究成果已层出不穷，但几乎没有实际应用。20世纪80年代初，因为缺乏应用场景，所以人工智能的研究进度陷入停滞状态。到20世纪80年代末和90年代初，人工智能的研究方向从解决普适性智能问题转向解决某些领域的单一问题，也因此首次提出专家系统的概念。专家系统使人工智能技术的落地应用成为了现实，也因此促进了人工智能的第二次发展。

20世纪90年代初，计算机技术飞速发展，数据存储和应用有了一定的基础，研究学者们看到了人工智能和数据结合的可能性，而其中结合最好的就是专家系统。如果能够将某一个行业的数据全告诉一个机器，并给定其一定的判断逻辑，则该机器可视为某一领域的"专家"。然而，在实际应用过程中却发现行业数据的存储方式多种多样，无法实现信息化数字化的统一。

进入21世纪，强大的计算能力和海量数据促进人工智能技术第三次发展。硬件、分布式系统、云计算技术的发展提供了强大的计算能力，互联网技术的长久发展过程中也积累了海量数据。以GPS系统为例，人们出行数据被用于导航和定位技术的发展；智能手机收集的日常生活习性数据能够提供更为准确和优质的服务。计算能力和数据的有机结合促进和催化了人工智能技术的进一步发展。

人工智能技术对社会和经济的影响日益凸显，世界各国也先后出台促进人工智能发展的相关政策，如图1-1所示。

我国同样高度重视人工智能技术的发展。

2015年7月，国务院发布《关于积极推进"互联网＋"行动的指导意见》。2016年3月，人工智能技术被列入国家"十三五"发展规划纲要。

2017 年 3 月，人工智能技术首次被写入政府工作报告。同年 7 月，国务院正式印发《新一代人工智能发展规划》，确立了新一代人工智能发展三步走战略目标。2018 年 10 月，中共中央政治局就人工智能发展现状和趋势举行第九次集体学习会议。同年 12 月，中央经济工作会议提出加快新型基础设施建设。此后一年多时间内，中央先后 8 次重要会议多次强调“新基建”工作，旨在运行人工智能等新兴技术，助力国家基础设施建设工作，实现建设工作的数字化、智能化和高效化。

图 1-1　发达国家出台人工智能相关政策示意图

二、能源电力领域人工智能技术的发展

能源电力领域早在 20 世纪 70 年代便开展了人工智能的相关研究，从

专家系统、模糊逻辑、决策树到支持向量机、神经网络、强化学习，相关研究持续保持一定的研究热度，专家系统、神经网络等多项技术被应用于电力故障诊断、电力系统负荷安全估计和电力负荷预测等应用场景。20 世纪 80 年代至 21 世纪前 10 年，进一步将神经网络、贝叶斯网络、支持向量机等人工智能经典算法应用于电力系统动态安全估计、暂态预测和非线性优化等领域。

现阶段在国家政策支持驱动下，我国电力系统的人工智能应用与国外处于并跑阶段，现已形成多方面的综合技术应用，如基于深度强化学习的优化调度、基于生成对抗学习的场景生成、基于深度学习的故障连锁辨识、基于卷积神经网络的巡检图像识别和基于群体智能的电力设备维修决策辅助等，在电力设备故障识别、输电线路智能巡检、电网运行稳定性评估以及系统紧急控制等领域得到了广泛应用，但在人工智能基础理论、引领性技术和软硬件支持技术方面与美国、欧洲等国家还存在一定差距。

在智慧能源领域，为了有效应对当前电网的开放性、不确定性和复杂性，传统能源企业、科研机构、互联网头部企业与新兴科技创业公司均开始在研究、生产和运营各个阶段应用人工智能技术，逐步实现电网业务的数字化业务建设。

传统能源企业大多从人工智能基础平台层面出发，在多个电力业务和企业管理重点领域开展人工智能技术结合场景应用，提供完整的人工智能技术应用场景解决方案。例如，中国的国家电网公司已全面完成电力人工智能开放平台的建设工作，形成包括人工智能样本库、模型库和训练平台在内的一整套技术应用平台，在设备运维、电网调度、智能客服和智能营销等多类电力场景开展技术应用。意大利国家电力公司通过 3200 万块智能电能表，预测能源用户的消费曲线；通过深度学习和计算机视觉技术，应用于配电网络和电站设备的用电负荷、电力调度等多项分析预测任务，提高电力设备资产的使用寿命，使生产过程更加安全；组建全渠道体验实验室，通过知识图谱和自然语言处理技术建立聊天机器人和虚拟助手，从而提高与用户的沟通效率。法国电力集团开发了一款名为 Metro-scope 的人工智能诊断软件，可以在工业设备运行过程中自动检测运行故障，第一时间获得精确可靠的检测结果，为客户打造高效灵活的“未来工厂”，已在核电站的汽机机房实现使用。日本东京电力公司利用大数据和人工智能技术，通过采集包括传输、配电、运维、天气及大量传感器数据，进行预防性生产维护，有效减少了设备停机故障；利用人工智能和区块链技术，追踪能源电力的使用和消费，并构建电力智能交易系统，支持居民与其他人进行分布式电量交易。国内各大发电集团也积极利用云端、大数据、物联网和人工智能技术打造智慧电厂样板间，在物资管理、环保监控、燃料供应、安全生产等方面建造统一数据决策平台，提供经营管理效率，推动产业加速实现数字化转型。

科研机构主要参与政府、能源企业主导的科技项目，在理论框架内实现技术的突破和创新。美国斯坦福大学 SLVC 实验室通过历史用电数据、电网运行监测数据、电网拓扑结构信息等手段识别电网运行态势感知和薄弱环节监测，自动对重大电力事故做出预警与快速响应。国家电网电力科学研究院提出人工智能在电力领域应用的基础理论及典型应用模型，突破数据知识融合的电力人工智能技术，构建面向电网调度故障处理、电力设备运维检修及配用电等电力业务的应用框架及模型，攻克数据驱动下的电网薄弱环节识别及紧急控制等技术，引领人工智能在电力领域的研究及应用。全球能源互联网研究院有限公司面对输电线路的无人机、直升机巡检和通道监控摄像头产生的海量图片，利用深度神经网络训练算法模型，自动检测线路缺陷和预警通道隐患，并引入注意力机制、平衡训练样本以提升模型精度，已在多个省市公司实现落地应用。

互联网头部公司一方面利用人工智能技术提高自身对数据中心能效的需求，一方面积极开展与能源企业合作的探索工作。谷歌公司利用人工智能技术实现对数据中心能耗的实时监测和分段管理规划，此外，与英国国家电网的合作项目实现对电力供需曲线的预测。华为、腾讯和百度等多家互联网公司建设有高性能数据中心和人工智能训练平台，并与国家电网公司、南方电网公司开展多方向的合作，积极参与能源领域数据新基建工作。

科技创新企业则多数来自各大高校的顶尖实验室，在配用电和新能源展开轻量级创新应用探索。美国 C3 IOT 公司通过数据模型分析手段深度挖掘能效潜力、识别异常用电、优化投资决策。美国 Civil Maps 开发的 Smart Power 系统可对输电线进行智能巡航，能够快速处理 PB 级巡检影响数据并提出预防性检修计划，减少了人力巡检成本的投入，提升了巡检效率与识别精度。瑞士 AIpiq 公司研发了 Grid-Sense 系统，利用人工智能技术分析电网运行信息、用户用电负荷、天气预报和市场电价等数据，识别用户用电行为，支持需求响应与能效节约。Upside Energy 公司利用人工智能管理电池和其他存储资源组合，并向电网提供实时能源储备，可用于解决高达 6000MW 的需求侧灵活度，在晚高峰期间转移负荷而不会影响终端用户的用电需求。

三、国家电网公司在人工智能方面开展的工作

2021 年，国家电网公司下发《国家电网有限公司人工智能技术应用 2021 年工作方案》，强调加强人工智能技术研究应用，以推动能源转型与信息技术深度融合，促进服务电网安全质量及效率效益提升。同年，下发《设备管理人工智能技术应用工作方案（2021～2023 年）》（国家电网设备〔2021〕103 号）、《2021 年数字化安全管控重点任务》（安监〔2021〕3 号）等文件，提出了围绕强化顶层设计、打造精品应用、提升基础能力、建立保障体系四个方面开展 20 余项重点任务。

人工智能是一门前沿的交叉学科，而电力人工智能是人工智能理论、技术和方法与能源电力系统的物理规律、技术和知识融合形成的专有智能技术手段。电力人工智能技术领域包含知识图谱、计算机视觉、自然语言处理、机器学习和边缘智能等多领域技术，如图 1-2 所示。国内科研机构及高校紧跟人工智能科技发展规律，在电力人工智能方面开展了大量前沿突破性研究。

在理论和技术层面，电力人工智能目前正在向强鲁棒的人机协同混合增强、高泛化性迁移学习、具备可解释性的知识与数据融合等方向发展。在业务应用层面，电力人工智能将从浅层特征分析发展至深度逻辑分析，

从环境感知发展至自主认知与行为决策，从电力系统业务辅助决策发展至核心业务决策。未来电力人工智能将在理论与技术、业务应用等层面得到进一步发展。

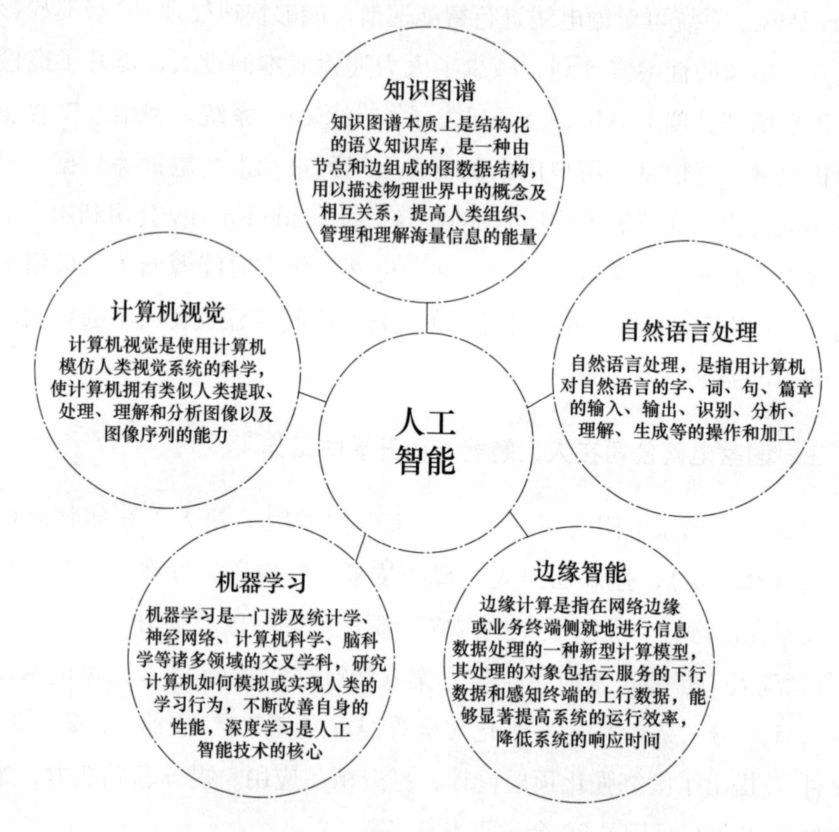

图 1-2 人工智能主要技术内容概念图

第二章
机器学习概述

第一节　机器学习基础知识

本节主要讲解机器学习的基础知识，包括标签、训练数据、测试数据、验证数据、分类、预测、模型指标、过拟合和欠拟合等技术名词的含义，使学员对机器学习的基础知识有充分全面的认识。

一、数据的划分

监督学习的训练数据中包含特征和数据标签，通过训练学习让机器寻找两者之间的内在联系。当面对仅有特征的数据时，机器能够准确判断出对应的标签。

机器学习的数据分为三类，其中训练数据用于构建模型，测试数据用于检验模型，验证数据用于辅助模型构建，可以从训练数据中划分出一部分数据作为验证数据。

具体划分如下：

（1）训练数据（training data）：用于模型构建。

（2）验证数据（validation data）：非必要，用于辅助模型的构建。

（3）测试数据（testing data）：用于检验模型，评估模型的准确率。不可用于模型构建，易导致过拟合。

从给定的训练数据集中学习一个模型参数的函数，当新的数据输入时，可根据这个函数预测输出结果。训练集的目标是人为标注的。监督学习属于最常见的分类问题，通过已有的训练样本重新训练一个基于评价准则下的最优模型，对输出结果按照标签进行分类。监督学习的目标是让机器去学习已经创建好的分类模型。

二、分类的含义

分类是在已知标签的样本中，训练出能够对某种未知的样本进行分类的模型。分类算法属于有监督学习，其分类过程是建立一种描述预定的数据集分类模型，通过分析由属性描述的数据库元组来构造模型。在电力行业中，分类算法可应用于输变电智能巡检的图像分类、变电环境的设备识别分类以及营销环境的账本文字识别分类等电力业务场景。

常用的分类算法包括朴素贝叶斯分类（naive bayesian classifier，NBC）算法、逻辑回归（logistic regress，LR）算法、C4.5 决策树算法、C5.0 决策树算法、支持向量机（support vector machine，SVM）算法、K-最近邻（K-nearest neighbor，KNN）算法等。

分类算法的本质是通过训练数据集的学习，得到目标函数 f，把每个属性集 x 映射到目标属性 y（类），且 y 必须是离散的。如果训练集规模较小，高偏差低方差的分类器（如朴素贝叶斯）比低偏差高方差的分类器（如 K 近邻或逻辑回归）更有优势，因为后者容易出现过拟合现象。但随着训练集规模增大，高偏差分类器的分类效果出现下降，低偏差的分类器因为具有更小的渐近误差而能够训练出准确的模型。

三、预测的含义

预测是利用已有数据建立预测模型，通过在真实结果和预测结果之间的迭代调整，使模型最终具备准确的预测性能。常见的预测模型包含线性回归模型、灰色预测模型、指数平滑模型、马尔可夫预测模型、人工神经网络预测模型等。在电力行业中，预测算法常用于高压电气设备的剩余寿命预测、电力负荷预测等方向。

四、常见的模型评价指标

模型性能优劣的评价指标同样是机器学习中的一个关键性问题。数据样本中存在两类标签：样本真实标签和模型预测标签。根据这两个标签得出一个混淆矩阵，行代表样本的真实类别，列代表样本的预测类别，数据总数表示该类别的样本总数。分类模型的评价指标主要基于混淆矩阵，如表 2-1 所示。

准确率即模型所有判断正确的结果占总观测值的比例，计算公式如下：

表 2-1　　　　　　　　二分类问题的混淆矩阵

真实/预测	正例（P）	反例（N）
正例（P）	真正例（TP）	假反例（FN）
反例（N）	假正例（FP）	真反例（TN）

$$ACC=\frac{TP+TN}{TP+TN+FP+FN} \tag{2-1}$$

精确率即在模型预测中是正例的所有结果中模型预测正确的比例，计算公式如下：

$$PPV=\frac{TP}{TP+FP} \tag{2-2}$$

召回率即在真实值是正例的结果中模型预测正确的比例，计算公式如下：

$$TPR=\frac{TP}{TP+FN} \tag{2-3}$$

特异度即在真实值是反例的结果中模型预测正确的比例，计算公式如下：

$$TNR=\frac{TN}{TN+FP} \tag{2-4}$$

F_1 函数即用来衡量二分类模型精确度的一种指标。F_1 函数结果可视为模型精确率和召回率的一种加权平均，其结果区间为［0，1］。1 代表模型的输出最好，0 代表模型的输出结果最差。计算公式如下：

$$F_1=\frac{2PPV \cdot TPR}{PPV+TPR} \tag{2-5}$$

对于回归问题，模型评价指标用于衡量预测值与真实值的差距。其中 y_i 表示真实值，$\hat{y}_i$ 表示模型预测值，N 表示样本总数。

平均绝对误差计算公式如下：

$$MAE=\frac{1}{N}\sum_{i=1}^{N}|y_i-\hat{y}_i| \tag{2-6}$$

均方误差计算公式如下：

$$MSE=\frac{1}{N}\sum_{i=1}^{N}(y_i-\hat{y}_i)^2 \tag{2-7}$$

均方根误差计算公式如下：

$$RMSE=\sqrt{\frac{1}{N}\sum_{i=1}^{N}(y_i-\hat{y}_i)^2} \tag{2-8}$$

五、过拟合与欠拟合

1. 欠拟合

欠拟合是指模型拟合程度不高，数据距离拟合曲线较远。欠拟合现象的成因大多是模型复杂度低、拟合函数能力弱，可通过增加迭代次数继续训练、增加模型的参数数量、采用 Boosting 等集成方法解决欠拟合问题。

2. 过拟合

过拟合现象是模型在训练集上表现很好，但在测试集上却表现很差。造成过拟合现象的原因通常是训练数据样本单一、样本不足，训练数据中噪声干扰过大或模型复杂度过高。

3. 过拟合与欠拟合问题解决方法

（1）数据增强。即人为增加样本数据量，采用重采样、上采样、增加随机噪声、GAN、图像数据的空间变换、尺度变换、颜色变换、增加噪声、改变分辨率、对比度、亮度等手段。

（2）直接降低模型复杂度。即减少模型参数数量。

（3）dropout 方法。即在神经网络中间接减少参数数量，弱化各个数据特征间的单一联系，使关键特征间存在多种类型的组合，从而降低模型对某一个关键特征的依赖程度。

（4）降低迭代次数。即通过减少训练的迭代次数的手段寻找拟合效果最好的点。

（5）多模型投票方法。即类似集成学习方法的思想，不同模型之间从不同角度拟合，起到正则作用，提高泛化能力。

（6）L0 正则化。L0 正则化的特点是实现参数的稀疏性，使尽可能多的参数值为 0。

（7）L1 正则化。L1 正则化等价于先验概率，服从拉普拉斯分布。L1

范数是 L0 范数的最优凸近似，可更好地实现参数稀疏性，因此相对 L0 正则化更常用。

(8) L2 正则化。L2 正则化等价于先验概率，服从高斯分布，与 L0、L1 正则化方法不同之处在于 L2 正则化方法只能使参数接近 0。

第二节 有监督学习

本节主要讲解有监督学习的基础概念和支持向量机、逻辑回归和决策树等相关技术的理论基础，使读者对有监督学习的算法技术有一个充分全面的认识。

一、逻辑回归

逻辑回归属于广义线性模型（generalized linear model，GLM），逻辑回归假设 $Y|X$ 服从伯努利分布，用于处理分类问题。在逻辑回归中，因变量取值是一个二元分布，模型学习得出的是 $E[y|x;\theta]$，即给定自变量和超参数后，得到因变量的期望，并基于此期望来处理预测分类问题。逻辑回归通过 Sigmoid 函数引入非线性因素，用于处理二分类问题。逻辑回归采用极大似然估计来对训练样本进行建模，通过对似然函数 $L(\theta)=\prod_{i=1}^{N}P(y_i|x_i;\theta)=\prod_{i=1}^{N}[\pi(x_i)]^{y_i}[1-\pi(x_i)]^{1-y_i}$ 的学习，得出最佳参数 θ。

伯努利分布是一个离散型概率分布。随机变量 X 只取 0 和 1 两个值，比如正面或反面、成功或失败、有缺陷或没有缺陷，成功概率为 p（$0\leqslant p\leqslant 1$），失败概率为 $q=1-p$。

1. 逻辑回归的假设函数

sigmoid 函数称为逻辑函数（logistic function），其表达式为：

$$g(z)=\frac{1}{1+e^{-z}} \tag{2-9}$$

式中：e 为无理数；z 为函数自变量。

逻辑函数曲线如图 2-1 所示。从图 2-1 可以看出 Sigmoid 函数是一个 S

形的曲线，它的取值在［0，1］之间，在远离0处函数值会很快接近0或者1。

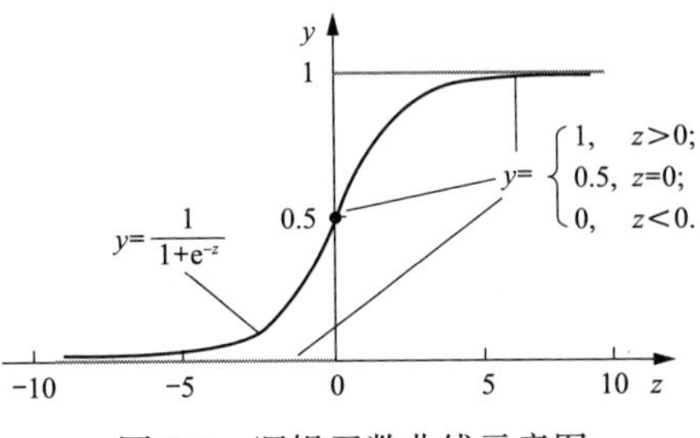

图 2-1　逻辑函数曲线示意图

逻辑回归的假设函数形式如式（2-10)所示：

$$\left.\begin{aligned} h_\theta(x) &= g(\theta^T x) \\ g(z) &= \frac{1}{1+\mathrm{e}^{-z}} \end{aligned}\right\} \tag{2-10}$$

可得：

$$h_\theta(x) = \frac{1}{1+\mathrm{e}^{-\theta^T x}} \tag{2-11}$$

式中：x 为模型输入；θ 为需要求取的参数。

一个机器学习模型的假设空间本质上是某一组简单且合理的限定条件。逻辑回归模型所做的假设如式（2-12）所示：

$$P(y=1 \mid x;\theta) = g(\theta^T x) = \frac{1}{1+\mathrm{e}^{-\theta^T x}} \tag{2-12}$$

即在给定 x 和 θ 的先验条件下，$y=1$ 的条件概率函数。

2. 逻辑回归的损失函数

损失函数（loss function）直接作用于单个样本，用来表达样本误差。代价函数（cost function）是整个样本集的平均误差，是对所有损失函数值的平均。目标函数（object function）是最终要优化的函数，即代价函数＋正则化函数。

代价函数 C（θ）用于衡量模型预测值 h（θ）与真实值 y 之间的差异。如果存在多个样本数据，则可对所有代价函数的结果求均值，记做 $J(\theta)$。因此，代价函数的性质如下：

（1）选择对参数 θ 可微的代价函数；

（2）代价函数不具备唯一性；

（3）代价函数是参数 θ 的函数；

（4）总代价函数越小，说明模型和参数越符合训练样本（x，y）；

(5) $J(\theta)$ 是一个标量。

由此可知，代价函数需要满足两个要求：能够评价模型优劣和参数 θ 可微。

在逻辑回归中，均方误差是常用的代价函数，即

$$J(\theta_0,\theta_1)=\frac{1}{2m}\sum_{i=1}^{m}(y^{\circ(i)}-y^{(i)})^2$$

$$=\frac{1}{2m}\sum_{i=1}^{m}[h_\theta(x^{(i)})-y^{(i)}]^2 \tag{2-13}$$

式中：m 表示训练样本的个数；$h_\theta(x)$ 表示根据参数 θ 和 x 预测出来的 y 值；y 表示原训练样本中的 y 值；i 表示第 i 个样本。

交叉熵（cross entropy）作为代价函数，其表达式为

$$J(\theta)=-\frac{1}{m}\sum_{i=1}^{m}\{y^{(i)}\log h_\theta(x)+[1-y^{(i)}\log(1-h_\theta(x))]\} \tag{2-14}$$

其中，log 函数的底取决于熵的单位。当熵的单位采用 bits 时，log 函数以 2 为底；当熵的单位采用 nats 时，log 函数以无理数 e 为底。

3. 逻辑回归的多分类问题

如果样本标签唯一，则可假设每个样本属于不同标签的概率服从于几何分布，使用多项逻辑回归（multinomial logistic regression）进行分类。

$$h_\theta(x)=\begin{bmatrix}p(y=1|x;\theta)\\p(y=2|x;\theta)\\\vdots\\p(y=k|x;\theta)\end{bmatrix}=\frac{1}{\sum_{j=1}^{k}e^{\theta_j^T x}}\begin{bmatrix}e^{\theta_1^T x}\\e^{\theta_2^T x}\\\vdots\\e^{\theta_k^T x}\end{bmatrix} \tag{2-15}$$

其中，θ_1，θ_2，…，$\theta_k\in\mathbb{R}^n$ 为模型的参数，而 $\frac{1}{\sum_{j=1}^{k}e^{\theta_j^T x}}$ 用于表达对概率的归一化处理。将 $\{\theta_1$，θ_2，…，$\theta_k\}$ k 个列向量按顺序排列形成 $n\times k$ 维矩阵，写作 θ，表示整个参数集。多项逻辑回归具有参数冗余的特点，即将 θ_1，θ_2，…，θ_k 同时加减一个向量后预测结果不变。

当类别数为 2 时，

$$h_\theta(x)=\frac{1}{e^{\theta_1^T x}+e^{\theta_2^T x}}\begin{bmatrix}e^{\theta_1^T x}\\ e^{\theta_2^T x}\end{bmatrix} \tag{2-16}$$

将所有参数减去 θ_1，可得

$$h_\theta(x)=\frac{1}{e^{0\cdot x}+e^{(\theta_2^T-\theta_1^T)x}}\begin{bmatrix}e^{0\cdot x}\\ e^{(\theta_2^T-\theta_1^T)x}\end{bmatrix}$$

$$=\begin{bmatrix}\dfrac{1}{1+e^{\theta^T x}}\\ 1-\dfrac{1}{1+e^{\theta^T x}}\end{bmatrix} \tag{2-17}$$

其中，$\theta=\theta_2-\theta_1$。整理公式后可知多项逻辑回归本质上是二分类逻辑回归在多标签分类下的一种情况。

4. *逻辑回归优缺点分析*

逻辑回归算法能够直接对分类的可能性进行建模，无需假设数据分布。逻辑回归算法不仅可预测出类别，还可得到近似概率预测。其中对率函数是任意阶可导凸函数，可直接用于求取最优解。此外，逻辑回归可应用于分布式数据分析，并通过在线算法实现用较小资源处理较大数据问题，对数据中小噪声鲁棒性很好，且不会受到轻微多重共线性影响。

但逻辑回归算法仍然存在欠拟合问题，分类精度相对其他算法不具备明显优势，此外，当数据特征存在缺失或者特征空间较大时无法准确得到回归值。

二、支持向量机

支持向量机（support vector machine，SVM）属于监督学习，是一种在特征空间内寻求最大分类间隔的二类分类模型。其间隔最大化的学习目标可转换为一个求解凸二次规划的问题。

1. *原理*

对于某一线性可分的训练样本：

$$(x_1,y_1),\cdots,(x_i,y_i),x\in\mathbb{R}^n,y\in\{+1,-1\} \tag{2-18}$$

式中：x_i 表示第 i 个特征向量；y_i 为类标记，当其等于+1时表示正例，等于−1时表示负例。

确定某一个超平面：

$$< w,x > + b = 0 \tag{2-19}$$

式中：w 表示垂直于超平面的一个向量，b 表示偏移量。

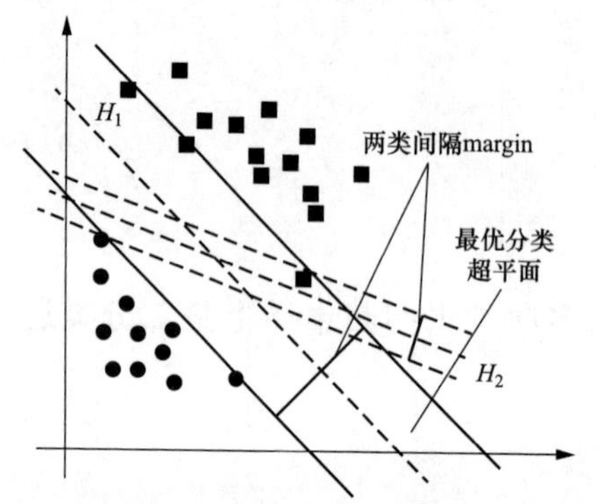

图 2-2 线性 SVM 示意图

公式（2-19）可以准确地将两种样本分开，但需要在满足这一条件的众多超平面中寻找和其中样本间隔最大的超平面。最优超平面的空间位置取决于与这一平面最近的样本点，而这些样本点就是支持向量，如图 2-2 所示。

由图 2-3 可知数据样本线性不可分，通过特征函数转化为线性计算问题。采用多种核函数进行内积计算，核函数的表达式为：

$$K(x_i, y_j) = \phi(x_i)\phi(y_j) \tag{2-20}$$

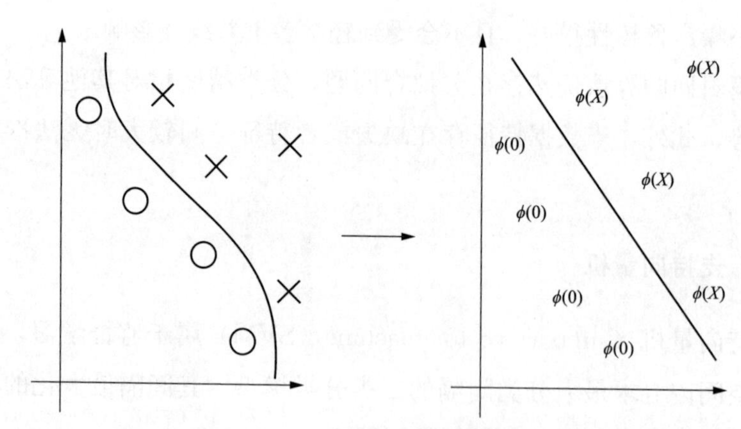

图 2-3 非线性 SVM 示意图

向量数组 D 可表示为：

$$D = \{(x_1, y_1), \cdots, (x_i, y_i)\}, x \in \mathbb{R}^n, y \in \{+1, -1\} \tag{2-21}$$

对于线性可分训练数据集，式（2-19）计算出最优超平面的法向量 w

和偏移量b，根据计算出来的结果对式（2-22）进行求值：

$$\phi(w)=\frac{1}{2}\|w\|^2 \tag{2-22}$$

且公式的求解约束条件为：

$$y_i[<w,x_i>+b]\geqslant 1,i=1,\cdots,l \tag{2-23}$$

采用拉格朗日乘子法求解凸二次规划问题。

定义拉格朗日乘子为：

$$\alpha_i\geqslant 0,i=1,\cdots,l \tag{2-24}$$

对下列公式进行求解：

$$L(w,b,\alpha)=\frac{1}{2}\|w\|^2-\sum_{i=1}^{l}\alpha_i\{y_i[<w,x_i>+b]-1\} \tag{2-25}$$

对初始问题进行对偶求解，利用目标函数：

$$\max W(\alpha)=\sum_{i=1}^{l}\alpha_i-\frac{1}{2}\sum_{i=1}^{l}\sum_{j=1}^{i}\alpha_i\alpha_j y_i y_j K<x_i,x_j>=\mathrm{e}^T\alpha-\frac{1}{2}\alpha^T Q\alpha \tag{2-26}$$

约束条件为：

$$\sum_{i=1}^{l}y_i\alpha_i=0,0\leqslant\alpha_i\leqslant C,i=1,\cdots,l \tag{2-27}$$

可得最优超平面：

$$w^*=\sum_{i=1}^{m}\alpha_i y_i x_i \tag{2-28}$$

$$b^*=-\frac{1}{2}<w^*,x_r+x_s> \tag{2-29}$$

式中：x_r和x_s代表的是任意支持向量；w^*表示垂直于最优超平面的向量；b^*表示最优超平面的偏移量。

当$\alpha_i=0$时，对应的训练样本不影响w^*的计算，当$\alpha_i>0$时，对应的训练样本对w^*有影响，其中x_r和x_s代表支持向量。

分别计算决策函数值，函数表达式如式（2-30）所示：

$$f(x)=\mathrm{sgn}(<w^*,x_i>+b^*)=\mathrm{sgn}\{\sum_{i=1}^{m}\alpha_i^* y_i K<x,x_i>+b^*\} \tag{2-30}$$

式中：x代表测试样本数据，在$f(x)=+1$的情况下，则判定样本类别

x 作为当前使用的类别，在 f（x）$=-1$ 时，则判定样本类别不符合。

2. 训练算法

对于小规模的凸二次规划问题，大多数算法均可给出有效解。但在处理大规模的数据集时，一般需要训练较长时间，且过程相对复杂。基于支持向量机建立的序列最小化（sequential minimal optimization，SMO）算法则是将较大的二次规划问题分解成多个小范围规划问题，确定每一步中需要优化的样本点。基于模型的相对参数为朗格朗日乘子 α_1，采用 $|E_1-E_2|$ 作为步长，即剩下的样本点必须符合 $\max|E_1-E_2|$，相对参数为拉格朗日乘子 α_2。SMO 算法流程图如图 2-4 所示。

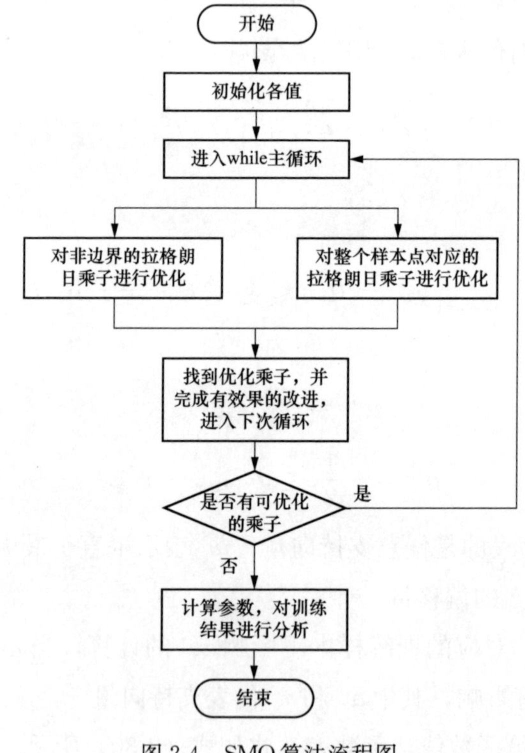

图 2-4　SMO 算法流程图

三、决策树

决策树是一个对样本数据进行自上而下树形分类的过程，由节点和有向边组成。节点分为树节点和叶节点，每一个节点代表的是一个特征或属性，每一个叶节点代表一个类别。树的最高层是根节点。经过根节点的划分，样本被分到不同的子节点中。再根据子节点的特征进一步划分，直至所有样本都被划分归为某一类别，即叶节点。根节点到每个叶节点均形成一条分类路径。

图 2-5 即为一个决策树的示意图，内部节点用矩形表示，叶节点用椭圆表示。

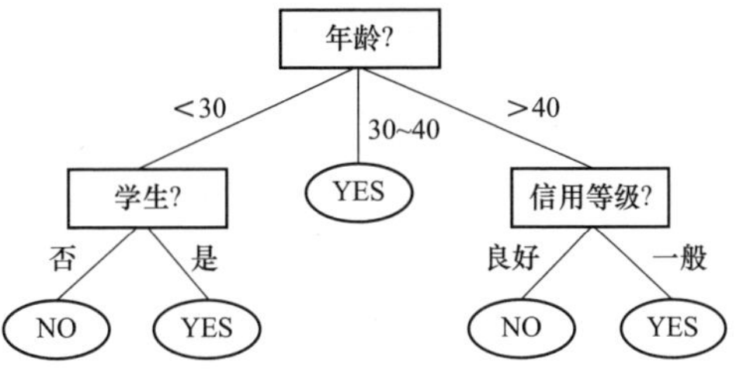

图 2-5　决策树算法示意图

在训练阶段，遵循固定规则将训练样本集分割为数个子集，重复分割每个子集，直到每个子集只含有属于同一类的样本时停止。

在测试阶段，从根节点开始进行判别测试样本，判断该样本属于哪个子节点，直到该样本被分到叶节点中为止，此时样本属于当前叶节点的类别。

决策树算法本质上是一个以递归选择最优特征的手段并以此分割训练数据的分类过程。分类过程中完成对特征空间的划分和决策树的构建。

（1）构建根节点，将所有训练数据都放在根节点，选择一个最优特征按递归方式分割训练数据。

（2）如果子集基本能够被正确分类，则构建存放子集的叶节点。

（3）如果有的子集不能够被正确的分类，则继续分割数据子集，直至所有训练数据都能够被正确分类或者没有合适特征为止。

（4）每个子集都被分到叶节点上，即每一个样本数据都被分到明确的类别上，则可生成决策树。

决策树方法的优点是：①计算复杂度不高；②输出结果易于理解；③对中间值的缺失不敏感，可以处理不相关特征数据。决策树方法的缺点是可能会过度匹配。

决策树的目标是将样本数据按照不同的特征和属性建立树形的分类结构。从若干不同的决策树中选取最优的决策树是一个多项式复杂程度的非确定性（non-deterministic polynomial，NP）问题。常见的决策树算法有ID3、C4.5、分类回归树（classification and regression tree，CART）。

1. ID3——最大信息增益

划分数据集的根本原则是将无序数据变得有序。在划分数据集前后信息发生的变化称为信息增益，获得信息增益最高的特征即最优的选择。集合信息的度量方式称为香农熵或熵。

对于样本集合 D，类别数为 K，数据集 D 的经验熵表示为：

$$H(D) = -\sum_{k=1}^{K} \frac{|C_k|}{|D|} \log_2 \frac{|C_k|}{|D|} \tag{2-31}$$

式中：C_k 是样本集合 D 中属于第 k 类的样本子集；$|C_k|$ 表示该子集的元素个数；$|D|$ 表示样本集合的元素个数。

计算某个特征 A 对于数据集 D 的经验条件熵 H（D | A）表示如式（2-32)所示：

$$H(D|A) = \sum_{i=1}^{n} \frac{|D_i|}{|D|} H(D_i) = \sum_{i=1}^{n} \frac{|D_i|}{|D|} \left(-\sum_{k=1}^{k} \frac{|D_{ik}|}{|D|} \log_2 \frac{|D_{ik}|}{|D|}\right) \tag{2-32}$$

式中：D_i 表示 D 中特征 A 取第 i 个值的样本子集；D_{ik} 表示 D_i 中属于第 k 类的样本子集。

信息增益 g（D，A）可以表示为二者之差，可得：

$$g(D,A) = H(D) - H(D|A) \tag{2-33}$$

根据具备最大信息增益的某一个特征，所有样本数据根据此特征被直接分配至叶节点中，完成决策树的生长过程。在实际应用中，决策树往往不能通过某一个特征以实现整个决策树的构建过程，需要在经验熵非 0 的类别中继续构建迭代。

2. C4.5——最大信息增益比

C4.5 的目标是通过学习找到一个从属性到类别的映射关系，并且该映射能用于对未知的实体进行分类。

特征 A 对于数据集 D 的信息增益比定义为：

$$g_R(D,A)=\frac{g(D,A)}{H_A(D)} \tag{2-34}$$

$$H_A(D)=-\sum_{i=1}^{n}\frac{|D_i|}{|D|}\log_2\frac{|D_i|}{|D|} \tag{2-35}$$

称为数据集 D 关于 A 的取值熵。根据上式，可得数据集关于每个特征的取值熵。

3. CART——最大基尼指数（Gini）

Gini 描述的是数据的纯度。

$$\text{Gini}(D)=1-\sum_{k=1}^{n}\left(\frac{|C_k|}{|D|}\right)^2 \tag{2-36}$$

CART 在每次迭代中选择基尼指数最小的特征及其对应的切分点进行分类。其本质是一棵两叉树，每一步将数据按特征 A 切分成两部分，分别进入左右子树。

特征 A 的 Gini 指数定义为

$$\text{Gini}(D|A)=\sum_{i=1}^{n}\frac{|D_i|}{|D|}\text{Gini}(D_i) \tag{2-37}$$

按上述公式可计算出各个特征的 Gini 指数。选择 Gini 指数最低的特征作为最优特征，并以此为最优切分点。按照此种切分方式，从根节点会直接产生两个叶节点，完成决策树的生长。

4. 决策树构造算法的差异

ID3 是以信息增益作为评价标准选择特征的方法。因此，信息增益反映的是给定条件后不确定性减少的程度。特征取值越多，意味确定性更高，即条件熵越小，信息增益越大。这在实际应用中是一个缺陷，比如引用特征 DNA，每个人的 DNA 都不同，如果 ID3 按照 DNA 为特征进行划分一定是最优的（条件熵为 0），但这种分类的泛化能力是非常弱的。因此，C4. 5 实际上是对 ID3 进行优化，通过引入信息增益比对取值较多的特征进行惩罚，避免 ID3 出现过拟合现象，提高决策树泛化能力。

另外，从样本类型的角度，ID3 只能处理离散型变量，C4. 5 和 CART 都可以处理连续型变量。C4. 5 处理连续型变量时，通过对数据排序找到类别不同的分割线作为切分点，根据切分点把连续变量转为布尔型数据，从而将连续型变量转换为多个取值区间的离散型变量。对于 CART，由于其构建时会对特征进行二值划分，因此能够适用于连续型变量。

从应用角度，ID3 和 C4.5 只能用于分类任务，CART 可以用于分类任务和回归任务。此外，从实现过程等角度，三种决策树构造算法仍存在差异，比如 ID3 对样本特征缺失值比较敏感，C4.5 和 CART 可对缺失值进行处理。ID3 和 C4.5 可在每个节点上产生出多个分支，每个特征在层级之间不会复用。CART 每个节点只会产生两个分支，因此最终形成一棵两叉树，且每个特征可以被重复使用。ID3 和 C4.5 通过剪枝来平衡树的准确性和泛化能力，CART 则利用全部数据挖掘所有可能的树结构。

5. 决策树的剪枝

完全生长的决策树所对应的叶节点仅包含一个样本，容易出现过拟合现象，因此引入剪枝操作用于提高模型的泛化能力。剪枝分为预剪枝和后剪枝，预剪枝指在生成决策树的过程中提前停止树的增长，后剪枝则是在已生成的过拟合决策树上进行剪枝，得到简化版的剪枝决策树。

预剪枝的核心思想是在树中节点进行扩展之前，先判断当前的划分方式是否能够提高模型泛化能力，如果不能，则停止生长子树。若有不同类别的样本同时存于节点的情况，则按照多数投票的原则，判断该节点所属类别。

预剪枝控制生长过程的方法有：设定决策树深度阈值、设定决策树节点数阈值、设定准确度阈值等几种。

预剪枝具有思想直接、算法简单、效率高等特点，适合解决大规模问题。但如何准确判断何时停止树的生长，针对不同的问题存在很大差异，往往需要人为经验来进行辅助判断，存在欠拟合的风险。

后剪枝的核心思想是首先生成完全生长的决策树，再从最底层向上判断是否需要剪枝。剪枝过程中以叶节点代替被删除的子树。以测试集中准确率为指标判断是否继续剪枝。后剪枝方法可得到泛化能力更强的决策树，但时间成本也随之增高。

常见的后剪枝方法包括错误率降低剪枝（reduced error pruning，REP）、悲观剪枝（pessimistic error pruning，PEP）、代价复杂度剪枝（cost complexity pruning，CCP）和最小误差剪枝（minimum error pruning，MEP）等方法。

代价复杂度剪枝主要包括以下两个步骤：

（1）从完整决策树 T_0 开始，生成一个子树序列 $\{T_0, T_1, T_2, \cdots, T_n\}$，其中 T_{i+1} 由 T_i 生成，T_n 为树的根节点。

步骤（1）从 T_0 开始，裁剪 T_i 中训练误差增加最小的分支得到 T_{i+1}。当树 T 在节点 t 处剪枝时，误差增加用 $R(t)-R(T_t)$ 表示，其中 $R(t)$ 表示剪枝后的该节点误差。$R(T_t)$ 表示未剪枝时子树 T_t 的误差。用 $|L(T_t)|$ 表达子树 T_t 的叶节点数，树在节点 t 处剪枝后的误差增加率为：

$$\alpha=\frac{R(t)-R(T_t)}{|L(T_t)|-1} \tag{2-38}$$

得到 T_i 后，每一步选择 α 值最小的节点进行剪枝操作。

（2）在子树的序列中，根据真实误差选择最佳的决策树。

在步骤（2）中，从子树序列 $\{T_0, T_1, T_2, \cdots, T_n\}$ 中选出真实误差最小的决策树。代价复杂度剪枝有两种方法：一种是基于独立剪枝数据集，由于其只能从子树序列 $\{T_0, T_1, T_2, \cdots, T_n\}$ 中选择最佳决策树，而 REP 能够在所有可能的子树中寻找最优解，因此性能上存在一定的不足；另一种是基于 k 折交叉验证，将数据集分为 k 份，前 $k-1$ 份用于生成决策树，第 k 份用于选择最优剪枝树，重复进行 N 次，再从 N 个子树中选择出最优子树。

代价复杂度剪枝采用交叉验证策略时，不需要测试数据集，精度与 REP 相差无几，但形成的树复杂度更小。从算法复杂度角度看，生成子树序列的时间复杂度和原始决策树的非叶节点数成二次关系，导致算法相比 REP、PEP、MEP 等线性复杂度的后剪枝方法，运算时间成本更大。

剪枝操作在决策树模型中占据着极其重要的地位。对于不同划分标准生成的过拟合决策树，在经过剪枝后都能保留最重要的属性划分，因此最终的性能差距并不大。在实际应用过程中，可根据不同的数据类型、数据规模、使用何种决策树以及对应的剪枝策略，针对问题本身进行详细分析和验证，从而找到最优选择。

第三节 无监督学习

本节主要讲解无监督学习的基础概念、主成分分析方法和 K-means 聚类等相关技术的理论基础，使读者对无监督学习的算法技术有一个充分全面的认识。

一、无监督学习概念

无监督学习的方法分为两大类：一类是基于概率密度函数估计的方法，找到各类别在特征空间的分布参数再进行分类。另一类是基于样本间相似性度量的聚类方法，其原理是定出不同类别的核心或初始内核，然后依据样本与核心之间的相似性度量对样本进行聚类；利用聚类结果，提取数据集中隐藏信息用于完成分类和预测任务。

无监督学习中输入数据没有标签和类别信息，根据样本间的相似性对样本数据集聚类，使类内差距最小化和类间差距最大化。

二、主成分分析方法

主成分分析算法（principal component analysis，PCA）是故障诊断中常用的无监督方式的数据降维和特征提取的算法。PCA 的核心思想就是根据原始样本点在高维空间的分布，通过转换坐标系，求得方差的最大转化方向，将 m 维原始样本 x（假设其均值为零）映射到另一坐标系下，以此实现数据的维度降低。如图 2-6 所示，当样本点投影到 X_2-Y_2 空间时，所获方差最大。

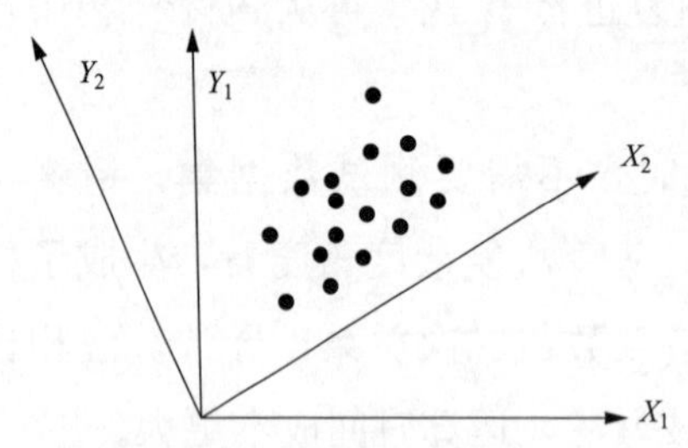

图 2-6 主成分分析方法示意图

1. 原理

设有一组样本数据 x_i，（$i=1$，2，…，d，d 为该组数据的维数），可通过线性组合的方式将该组数综合成一个指标，即：

$$y=\alpha^{\mathrm{T}}x=\alpha_1x_1+\alpha_2x_2+\cdots+\alpha_dx_d \tag{2-39}$$

为了尽可能多地描述原始数据，可用不同的向量 α 来构造出不同的综合指标，且构造的综合指标必须不相关，使得 d 维样本可转变成少数的几维样本。其中，反应原始数据变动程度最大的部分称为第一主成分，反应原始数据变动程度次之的称为第二主成分，依据各综合指标相对于原始数据的影响程度，第 K 个综合指标称为第 K 主成分。记 x 的第一主成分为 $y^{(1)}$，第二主成分为 $y^{(2)}$，依次类推第 K 主成分记为 $y^{(K)}$，则可如式（2-40）表示：

$$\begin{cases} y^{(1)}=\alpha_1^{(1)}x_1+\alpha_2^{(1)}x_2+\cdots+\alpha_d^{(1)}x_d \\ y^{(2)}=\alpha_1^{(2)}x_1+\alpha_2^{(2)}x_2+\cdots+\alpha_d^{(2)}x_d \\ \cdots \\ y^{(K)}=\alpha_1^{(K)}x_1+\alpha_2^{(K)}x_2+\cdots+\alpha_d^{(K)}x_d \end{cases} \tag{2-40}$$

为求得原始数据的协方差矩阵，设有一样本矩阵 X，X 可表示为：

$$X=\begin{pmatrix} x_{11} & \cdots & x_{1d} \\ \vdots & \ddots & \vdots \\ x_{n1} & \cdots & x_{nd} \end{pmatrix} \tag{2-41}$$

先求得其均值 x_j 和样本方差 s_j^2，再对样本矩阵进行标准化，可得

$$X_0=(x_{ij}-x_j) \tag{2-42}$$

由此可计算出样本协方差矩阵：

$$S=S_{ij}=\frac{1}{n-1}X_0^TX_0 \tag{2-43}$$

最后，根据此样本协方差进行主成分分析可得样本的各主成分。

PCA 求解步骤：

（1）中心化处理样本数据。

（2）求样本协方差矩阵。

（3）对协方差矩阵进行特征值分解，将特征值从大到小排列。

(4) 取特征值前 α 个对应的特征向量 ω_1，ω_2，…，ω_d，通过以下映射将 n 维样本映射到 α 维。

$$x' = \begin{bmatrix} \omega_1^T x_i \\ \omega_2^T x_i \\ \vdots \\ \omega_d^T x_i \end{bmatrix} \tag{2-44}$$

新的 x' 的第 α 维就是 x_i 在第 α 个主成分 ω_d 方向上的投影，通过选取最大的 α 个特征值对应的特征向量，使每个 n 维列向量 x_i 被映射为 α 维列向量 x'_i，定义降维后的信息占比如式（2-45）所示：

$$\eta = \sqrt{\frac{\sum_{i=1}^{d} \lambda_i^2}{\sum_{i=1}^{n} \lambda_i^2}} \tag{2-45}$$

2. 训练算法

对于高维原始故障数据，PCA 可以将其通过线性组合的方式转化为线性无关的少数主成分。通过设定的 PCA 贡献率，确定降维后的主成分的个数，且这些主成分可以有效代表原始数据，同时避免了信息冗余的情况。

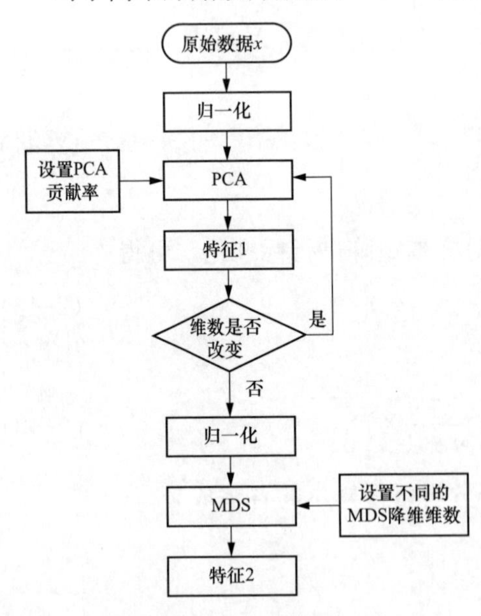

图 2-7　PCA 算法流程图

在实际的故障诊断过程中，PCA 算法可通过引入多维尺度分析（multidimensional scaling，MDS）对提取后的特征进行特征筛选。其算法流程图如图 2-7 所示。

具体步骤如下：

(1) 将原始 d 维数据 x_i，($i=1, 2, \cdots, n$）进行归一化处理，设置 PCA 的贡献率为 0.95。

（2）PCA 特征提取过程：将初始化后的原始数据输入 PCA 处理，得到特征 1。以循环方式处理原始数据，然后将后一次所得特征 1 的维数与前一次的维数相比较，如果维数没有发生改变，则跳出循环处理；如果维数改变，说明尚未达到最优降维数，继续循环直至维数不再改变。

（3）MDS 特征提取过程：利用 MDS 对特征 1 分别降维到 5，10，…，50 维，得到特征 2，再将特征 2 代入后续的故障诊断模型中以选出最优的降维维数。

三、K-means 聚类算法

K-Means 聚类算法采用欧式距离作为相似性指标，通过类中数值均值计算出数据集中 K 个类的聚类中心，使得聚类目标实施的各类的聚类平方和最小，即最小化：

$$J=\sum_{k=1}^{k}\sum_{i=1}^{n}\|x_i-u_k\|^2 \tag{2-46}$$

结合最小二乘法和拉格朗日原理，聚类中心为对应类别中各数据点的平均值。迭代过程中尽可能保持最终聚类中心位置不变以达到算法收敛的目标。

1. K-means 中心思想

确定常数 K，常数 K 表示最终的聚类类别数。首先随机选定初始点为质心，即类中心，并通过计算每一个样本与质心的相似度，将样本点归到最相似的类中；重新计算每个类的质心，重复该过程，直到质心不再改变，保证每个样本的类别和类别质心确定。由于每次都要计算所有的样本与每一个质心之间的相似度，因此 K-Means 算法在大规模数据集中收敛速度比较慢。

2. K-means 算法实现步骤

K-means 算法实现示例流程如图 2-8 所示。

其基本步骤为：

（1）选定聚类的类别数目 k，选择 k 个中心点。

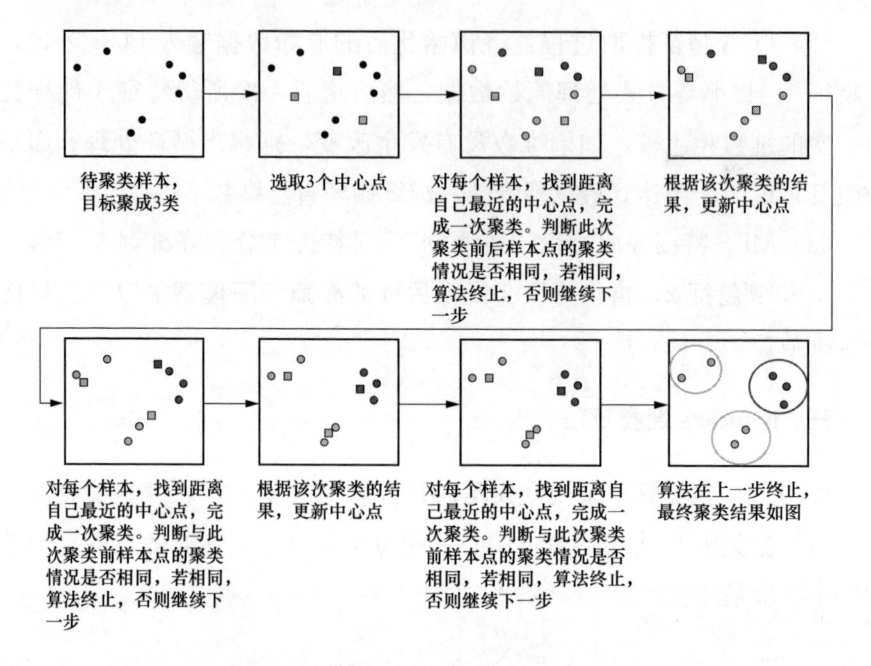

图 2-8　K-means 算法实现示例流程图

（2）针对每个样本点，寻找其类间质心点，完成一次聚类。

（3）判断聚类前后样本点的类别情况是否相同，如果相同，则算法终止，否则进入步骤（4）。

（4）针对每个类别的样本点，重新计算质心点，继续步骤（2）。

3. K-means 算法优缺点

K-means 算法的优点是：

（1）原理简单，实现门槛低，收敛速度快；

（2）在簇内间距小和簇间间距大的情况下效果显著；

（3）调参难度低和空间复杂度小。

K-means 算法的缺点是：

（1）多数情况下 K 值估计存在偏差或难以预估，且 K 值需要提前给定；

（2）K-Means 算法对初始选取的质心点是敏感的，不同的随机质心点得到的聚类结果完全不同，影响很大；

（3）对噪声和异常点敏感，可用于检测异常值；

（4）迭代方式易陷入局部最优解。

第四节　深　度　学　习

本节主要讲解深度学习的基础概念、生成式对抗网络和卷积神经网络等相关技术的理论基础，使读者对深度学习的算法技术有一个充分全面的认识。

一、深度学习概念

深度学习是一种对数据进行表征学习的算法。观测值可采用多种形式表达，如每个像素强度值的向量、抽象化表达的边和特定形状的空间区域等，使用某些特定表达方式更容易从实例中学习任务。

深度学习本质是利用特征提取和解码算法快速高效实现目标任务。已有数种深度学习框架，如深度神经网络、卷积神经网络、深度置信网络和循环神经网络已被应用在计算机视觉、语音识别、自然语言处理、音频识别和生物信息学等领域。

假设深度学习网络是一个由管道和阀门组成的巨大水管网络，网络中每一层中存在多个调节阀，用于调整网络参数和权重，如图 2-9 所示。

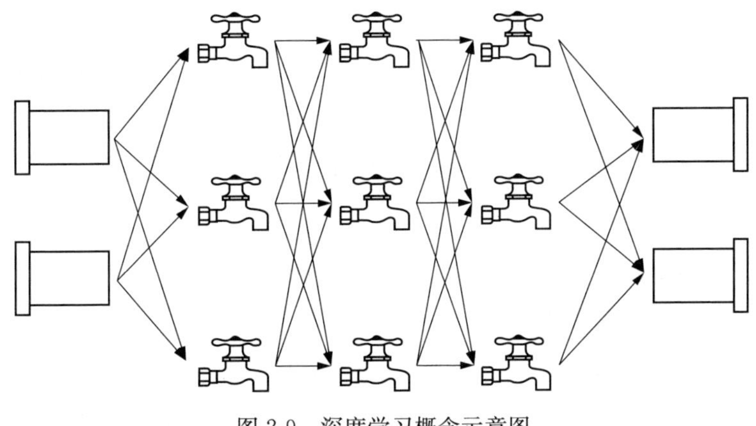

图 2-9　深度学习概念示意图

根据目标任务的需求，网络层数和权重可以实现多种组合变化。

传统机器学习和深度学习的不同点在于处理流程。传统机器学习的普适性应用流程为数据预处理、特征提取和选择分类器，而深度学习则是数据预处理、设计模型和训练模型。

传统机器学习的特征提取依赖于人工，针对特定的简单任务人工提取特征简单有效，深度学习的特征提取是机器自动学习提取的。从数理角度看待深度学习的特征提取过程，其过程类似于黑盒系统，无法从数理层面解释其特征提取过程，因而造成其可解释性差。

深度学习的优点：

（1）学习能力强。深度学习对待目标任务或目标特征具备非常强的学习能力。

（2）覆盖范围广，适应性好。神经网络层数多、宽度广，理论上可映射到任意函数，因此有能力解决复杂且高维度层面的应用问题。

（3）数据驱动，上限高。深度学习高度依赖数据，数据量越大，网络学习能力和学习准确性的表现就越好。在图像识别、面部识别、自然语言处理等部分领域，由于其数据量能够充分满足特征学习需求，甚至已经超过了人类的表现。同时还可通过调参手段进一步提高结果上限。

（4）可移植性好。深度学习框架多，兼容性高，例如 TensorFlow、Pytorch、caffe、keras 和 MXnet 等。

深度学习的缺点：

（1）计算量大，便携性差。深度学习数据量要求高，计算成本高，且移动端移植困难。

（2）硬件需求高。算力要求高，主流方法都是使用 GPU 和 TPU，成本高。

（3）模型设计复杂。深度学习模型设计复杂，新算法和模型的产出需要大量研发人员、资源和时间。

（4）样本不均衡问题。深度学习过程依赖数据，在训练数据不平衡的情况下会出现训练结果偏向于样本数据多的一方，导致训练结果不准确。

二、卷积神经网络（convolutional neural networks，CNN）

卷积神经网络本质上是一个多层感知机（multi-layer perceptron，MLP），它成功的原因在于其所采用的局部连接和权值共享的方式。从网络结构角度看，不仅减少了权值参数的数量，从而使网络易于优化，也降低了模型结构复杂度。

图像数据可以在不需要特征提取等操作的前提下直接作为网络的输入数据，在二维图像应用上具有良好的鲁棒性和运算效率等。

1. 网络结构

卷积神经网络是一种多层监督学习神经网络，卷积和池采样用于实现特征提取，采用梯度下降法对权重参数逐层反向调节，迭代训练以提高网络精度。

低隐层由卷积层和最大池采样层交替组成，高层是全连接层，其对应传统多层感知器的隐藏层和逻辑回归分类器。第一个全连接层的输入是由卷积层和子采样层进行特征提取得到的特征图像。最后一层是输出层，它是一个分类器，可以采用逻辑回归等方法对输入图像进行分类。

卷积神经网络结构包括卷积层、降采样层、全连接层。每一层有多个特征图，每个特征图通过一种卷积滤波器提取输入的一种特征，每个特征图有多个神经元，如图 2-10 所示。

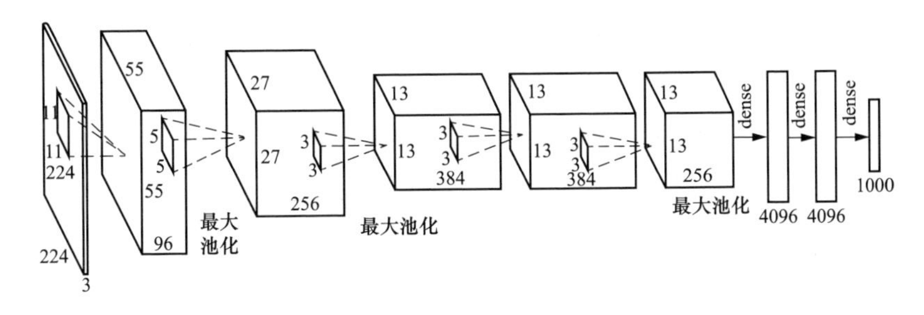

图 2-10　卷积神经网络结构图

输入图像和滤波器卷积后，提取局部特征，神经元的输入连接前一层的局部感受野。特征提取层后的计算层由多个特征映射平面组成，且平面上的神经元权重相同。通常将输入层到隐藏层的映射称为一个特征映射，即通过卷积层得到特征提取层，经过池化后得到特征映射层。

2. 局部感受野和权值共享

局部感受野：图像在二维空间内与周边交互有限，因此神经元只需要关注图像的局部特征，在高维空间中再重新组合图像局部特征信息。

权值共享：即在同一网络中不同层级采用相同的权重值，降低网络参数求解难度。在卷积神经网络中，卷积核中的元素会和每个局部特征中的元素分别做一次计算。

权值共享本质上是在对图像进行卷积操作过程中，学习图像不同空间位置的相同特征，在仅学习一次的情况下，共享学习到的网络参数，降低参数求解复杂度。

3. 稀疏交互

在传统神经网络中，采用权值参数矩阵表达网络层间输入和输出的连接关系，每个参数表示前后层神经元之间连接关系，如图 2-11 所示。

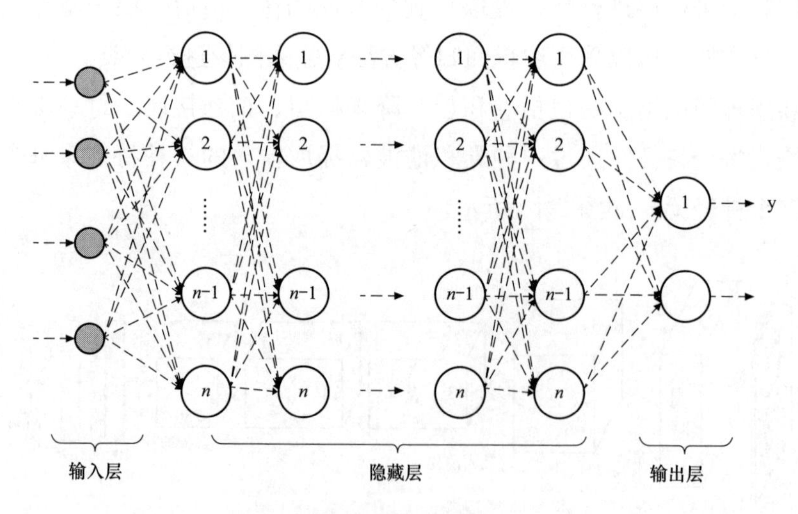

图 2-11　全连接层网络结构示意图

在卷积神经网络中，卷积核尺度远小于输入的维度。因此，输出神经元只能与前一层某一个局部区域的神经元存在权重连接，即产生稀疏交互行为。通常图像、文本、语音等数据都具有局部的特征结构，可通过先学习局部特征，再将局部的特征组合起来，形成更复杂、更抽象的特征。以人脸识别为例，最底层的神经元可以检测出各个角度的边缘特征，位于中间层的神经元可以将边缘组合起来，得到眼睛、鼻子、嘴巴等复杂特征。最后，位于上层的神经元可以根据各个器官的组合检测出人脸特征。

4. 池化操作

池化操作包括均值池化、最大池化等，其本质是降采样。其中，最大池化是通过取特征的最大值，用于处理估计均值偏离的情况，如图 2-12 所示。均值池化是通过对特征数值求平均值，用于处理估计值方差增大的情况。

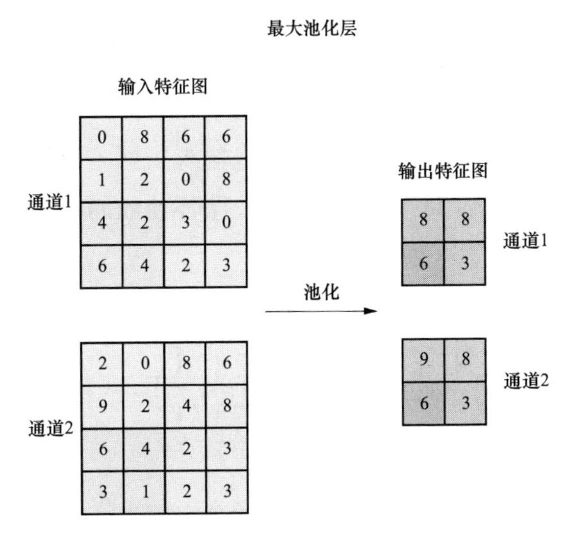

图 2-12 最大值池化操作示意图

此外，池化操作还包括对相邻重叠区域的池化以及空间金字塔池化。金字塔池化通过多尺寸矩阵池化计算，例如同时计算 1×1、2×2、4×4 矩阵的池化，并将结果拼接在一起，作为下一层网络的输入。相邻重叠区域的池化采用比窗口宽度更小的步长，使窗口在每次滑动时都存在重叠的区域空间。

池化操作的作用是降低参数量、保持平移、旋转、伸缩等操作的不变性。旋转不变性则是采用过滤器手段，分别学习不同旋转角度的数据特征；平移不变性是指输入结果对输入的小量平移基本保持不变；伸缩的不变性又称为尺度不变性，因为神经元感受的是输入的最大值，而并非某一个确定的值。当输入中出现经过旋转操作后的数据特征时，无论进行何种方向的旋转，都有一个对应的过滤器与之匹配，并在对应的神经元中引起大的激活。

三、循环神经网络

近年来，随着基于神经网络的方法被引入机器翻译领域，机器翻译的性能得到大幅度提升。神经网络模型同样需要使用平行语料库作为训练数据，但和统计机器翻译将模型拆解成多个部分不同，神经网络模型通常是一个端到端模型。

以循环神经网络（recurrent neural network，RNN）为例，模型首先将源语言和目标语言词语转化为向量表达，随后对翻译过程进行建模。首先使用一个循环神经网络作为编码器，将输入序列，即将目标语言的词序列编码成为一个向量表示，然后使用一个循环神经网络作为解码器，解码得出输出序列，如图 2-13 所示。

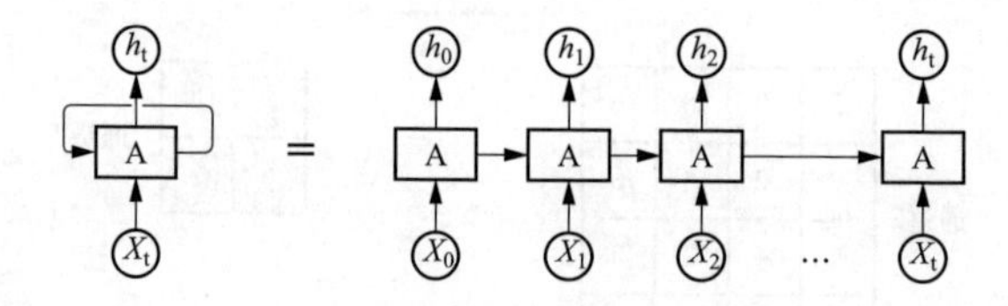

图 2-13　循环神经网络结构示意图

RNN 会受到短时记忆的影响，很难将信息从较早的时间步传送到后面的时间步，导致存在于初始阶段的重要信息被遗忘。

RNN 在反向传播阶段存在梯度消失的风险。梯度是指用于更新神经网络的权重值，梯度消失指梯度随着网络的计算出现下降的现象，如果梯度值持续下降至低水平，则网络停止学习过程。因此，小梯度更新的层会逐渐停止学习，导致 RNN 会遗忘在较长序列中前期学习的内容，因此仅具备短时记忆。

长短时记忆网络（long short term memory network，LSTM）作为循环神经网络的变种之一，可解决 RNN 无法处理长距离的依赖问题。LSTM 和门循环单元（gate recurrent unit，GRU）用于解决 RNN 网络中的短时记忆问题，采用门控单元调节信息流。LSTM 和 GRU 网络单元结构如图 2-14所示。

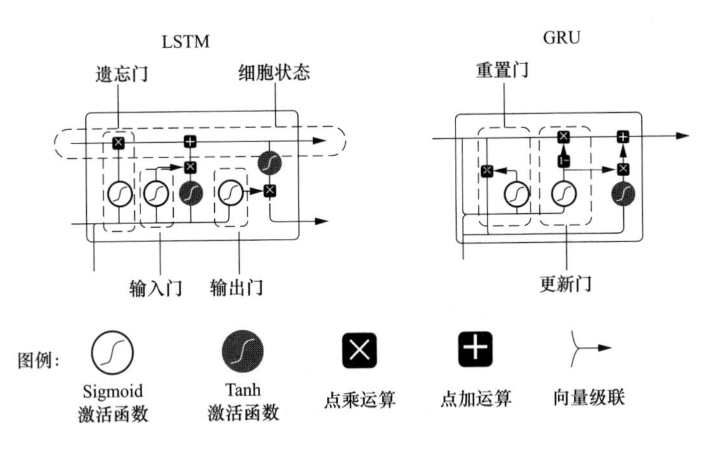

图 2-14 LSTM 和 GRU 网络单元结构示意图

LSTM 的核心在于单元状态和门结构。单元状态相当于信息传输路径，使得信息在序列中传递，通过门结构来实现信息的添加和移除。因此，较早时间步长的信息能够传递至较后时间步长的单元中。

门结构中包含着激活函数 Sigmoid。Sigmoid 函数与 Tanh 函数类似，Sigmoid 将值变换到［0，1］区间而不是［−1，1］区间，使无用信息以被以乘 0 的方式去除，有用信息以被以乘 1 的方式保留。

遗忘门：遗忘门用于决定信息的保留和丢弃。当前网络层输入信息和前一个网络层隐藏状态信息同时传递到 Sigmoid 函数中去，输出值介于 0 和 1 之间。越接近 0 意味着信息无用度高，越接近 1 意味着信息重要性高。

输入门：输入门用于更新单元状态。将当前网络层输入信息和前一个网络层隐藏状态信息传递到 Tanh 函数中，创造新的候选值向量。将 Sigmoid 函数输出与 Tanh 函数输出结果相乘，利用 Sigmoid 函数机制决定信息的去留。

单元状态：将上一个网络层的单元状态与遗忘向量逐点相乘，然后将该值与输入门的输出值逐点相加，更新新信息至单元状态。

输出门：输出门用于确定下一个隐藏状态的值，隐藏状态包含先前输入的信息。重复前向操作，将隐藏状态信息和当前状态信息传递至Sigmoid函数，再与Tanh函数相乘结合，利用Sigmoid函数机制保留重要信息并传递至下一个时间步长。

GRU与LSTM相似，但包含两个门：更新门和重置门。

更新门：更新门用于决定信息的增加和删除。

重置门：重置门用于决定遗忘先前信息的程度。

四、生成式对抗网络（generative adversarial networks，GAN）

生成式对抗网络是一种深度学习模型，由伊恩·古德费洛在2014年提出GAN模型，至今已衍生出众多论文成果和应用成果，成为人工智能学界的一个热门研究方向。GAN基本结构如图2-15所示。

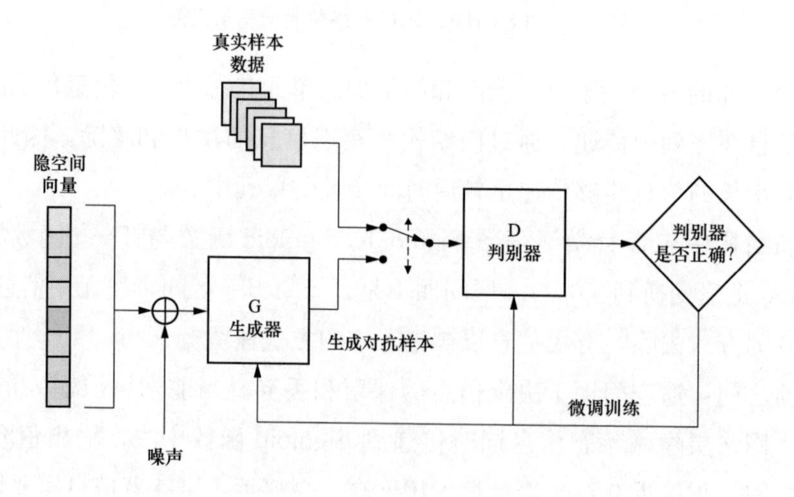

图2-15 GAN基本结构示意图

GAN由生成器判别器组成，从现有的模型输入数据中挑选出一批数据，组成 P_{data}（x），然后训练一个 P_G（x；θ）来产生数据，例如一个高斯混合模型，产生的数据集 P_G（x；θ）与原来的数据 P_{data}（x）越接近越好，即使得下面的似然函数达到最大值：

$$L=\prod_{i=1}^{m}P_{\mathrm{G}}(x^{i};\theta) \tag{2-47}$$

因此需要求得的参数为：

$$\theta^{*}=\arg\max_{\theta}\prod_{i=1}^{m}P_{\mathrm{G}}(x^{i};\theta) \tag{2-48}$$

取对数，得：

$$\begin{aligned}\theta^{*}&=\arg\max_{\theta}\prod_{i=1}^{m}P_{\mathrm{G}}(x^{i};\theta)\quad\{x^{1},x^{2},\cdots,x^{m}\}\in P_{\mathrm{data}}(x)\\&=\arg\max_{\theta}E_{x\sim P_{\mathrm{data}}}[\ln P_{\mathrm{G}}(x;\theta)]\\&=\arg\max_{\theta}\left[\int_{x}P_{\mathrm{data}}(x)\ln P_{\mathrm{G}}(x;\theta)\mathrm{d}x-\int_{x}P_{\mathrm{data}}(x)\ln P_{\mathrm{data}}(x)\mathrm{d}x\right]\\&=\arg\max_{\theta}KL[P_{\mathrm{data}}(x)\parallel P_{\mathrm{G}}(x;\theta)]\end{aligned} \tag{2-49}$$

第五节 强化学习

本节主要讲解强化学习的基础概念、马尔可夫过程和深度强化学习等相关技术的理论基础，使读者对强化学习的算法技术有一个充分全面的认识。

一、强化学习基础概念

强化学习的本质含义是基于环境而采取能够获得预期利益最大化的行动。强化学习的本质是在环境交互之中进行学习。如图 2-16 所示，当人向前走一步，视为人通过动作对环境产生影响；向前一步后撞到了树上，视为环境向人反馈状态的变化；撞到树后产生疼痛的感觉，视为人估计动作得到的收益；下一次避免向有树的障碍方向前进，视为人更新动作的策略。强化学习模仿了这个过程，在智能主体与环境的交互中，学习能最大化收益的行动模式。

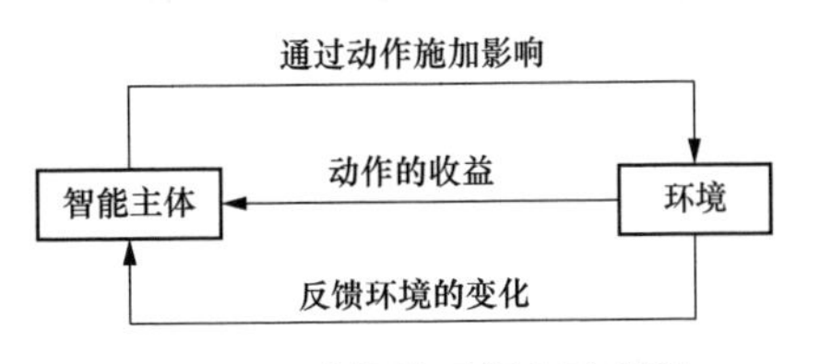

图 2-16 强化学习概念示意图

强化学习是智能体（agent）以“试错”的方式进行学习，通过与环境进行交互获得的奖赏来指导行为。强化学习的核心在于强化信号，由环境提供的强化信号是对产生动作的好坏作一种评价，而不是指导产生正确的动作，使系统在交互过程中优化行为，从而达到完成目标任务的需求。

强化学习的特点在于：

（1）基于评估性质的学习。利用当前环境评估当前策略，并以此作为依据进行优化。

（2）交互性。强化学习数据在与环境的交互过程中产生。

（3）序列决策过程。智能体与环境交互过程中做出的决策是前后关联的。

二、马尔可夫过程

马尔可夫决策过程（markov decision process，MDP）是序贯决策（sequential decision）的数学模型，用于模拟智能体的行为随机性与环境回报。

1. 马尔可夫过程原理

如图 2-17 所示，将智能体与环境的交互视为离散的时间序列，从初始环境获取初始状态 s_0 开始，然后做出一个动作 a_0，执行动作后智能体状态变为 s_1，与此同时环境反馈给智能体奖励 r_1，智能体再次根据状态 s_1 做出动作 a_1，环境状态改变为 s_2，并反馈奖励 r_2。重复智能体与环境的交互过程，数理表达如下所示：

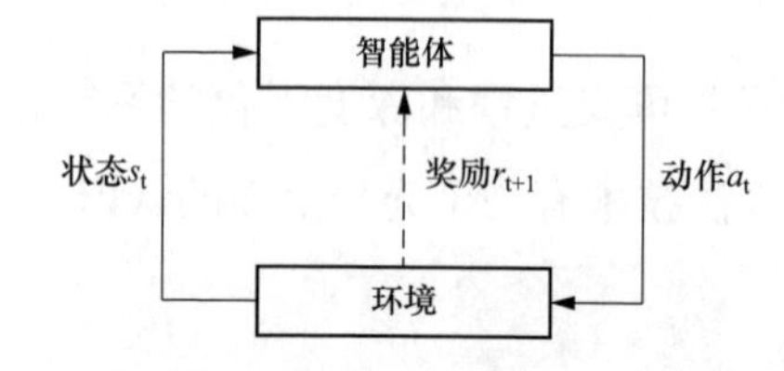

图 2-17　智能体与环境的交互过程

$$s_0, a_0, s_1, a_1, \cdots, s_{t-1}, r_{t-1}, a_{t-1}, s_t, r_t, \cdots, \tag{2-50}$$

其中

$$r_t = r(s_{t-1}, a_{t-1}, s_t) \tag{2-51}$$

r_t 表示为第 t 时刻的即时奖励。智能体与环境的交互的过程可以看作是一个马尔可夫决策过程。

2. 马尔可夫决策过程数理推导

马尔可夫过程是具有马尔可夫性的随机变量序列 s_0，s_1，…，$s_t \in S$，其下一个时刻的状态 s_{t+1} 取决于当前的状态 s_t，如图 2-18 所示。

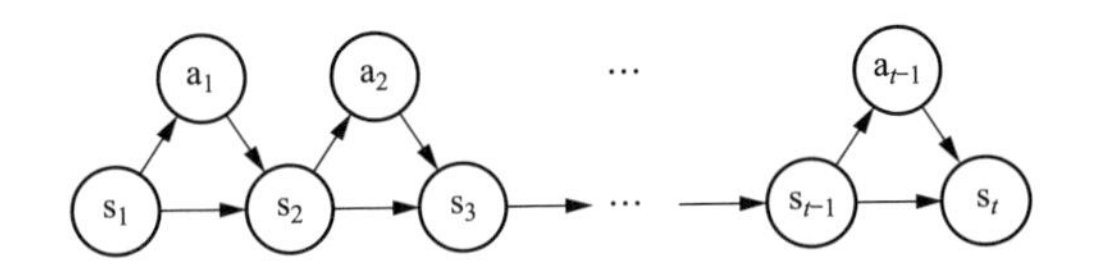

图 2-18　马尔可夫决策过程的图表示

$$p(s_{t+1} \mid s_t, \cdots, s_0) = p(s_{t+1} \mid s_t) \tag{2-52}$$

其中，$p(s_{t+1} \mid s_t)$ 称为状态转移概率：

$$\sum_{s_{t+1} \in s} p(s_{t+1} \mid s_t) = 1 \tag{2-53}$$

在马尔可夫决策过程中加入一个额外的变量——动作 a，即下一个时刻的状态 s_{t+1} 和当前时刻状态 s_t 以及动作 a_t：

$$p(s_{t+1} \mid s_t, \cdots, s_0, a_0) = p(s_{t+1} \mid s_t, a_t) \tag{2-54}$$

其中，$p(s_{t+1} \mid s_t, a_t)$ 为状态转移概率。给定策略 $\pi(a \mid s)$，马尔可夫决策过程的一个轨迹为：

$$\tau = s_0, a_0, s_1, r_1, a_1, \cdots, s_{t-1}, a_{t-1}, s_t, r_t \tag{2-55}$$

其概率计算公式为：

$$\begin{aligned} p(\tau) &= p(s_0, a_0, s_1, a_1, \cdots) \\ &= p(s_0) \prod_{t=0}^{T-1} \pi(a_t \mid s_t) p(s_{t+1} \mid s_t, a_t) \end{aligned} \tag{2-56}$$

三、深度强化学习

深度强化学习是提取出深度学习的感知能力和强化学习的决策能力，两者相结合后实现从原始输入到输出的直接控制。虽然是两种学习方式的结合，但更侧重于强化学习，应用于决策问题。利用神经网络的表征能力去拟合 Q 表或直接采用拟合策略解决状态一动作空间过大或连续状态一动作空间的问题。

以打砖块游戏为例，球和砖块任意不同的位置都可以相当于一个不同的状态，如此庞大的状态数量使得传统的强化学习不可能给每一个状态对应一个动作，而深度学习端到端的学习能力能够自动提取特征，训练出一个复杂的多层的具有很强表达能力的模型去拟合当前的状态，强化学习再去学会如何根据当前状态执行相应的动作，以获得最大的累计奖惩。

强化学习和深度强化学习均使用Q-Learning为基本框架，但后者将Q-Learning的步骤改为深度形式，并引入其他方法用于提高模型泛化能力和算法收敛速度。

Q-Learning的本质是当前状态 s_j、回馈 a_j、奖励 r_j 及 Q 函数之间存在关系：

$$Q(s_j, a_j) = E_{s_{j+1}} y_j \tag{2-57}$$

其中

$$y_j = r_j + \gamma \max_a Q(s_{j+1}, a) \tag{2-58}$$

如果 s_{j+1} 是终态，则 $y_j = r_j$。在传统的Q-Learning中，考虑状态序列是无线的，所以并没有终态。依据这个关系，可以对 Q 函数的取值做迭代改进。如果存在一个四元组（s_j，a_j，r_j，s_{j+1}），可采取随机梯度下降法的思想对 Q 函数迭代前后的平方差距 $[y_j - Q(s_j, a_j)]^2$ 做一次梯度下降。

经典Q-Learning算法的步骤如下：

（1）初始化 Q：$Q \leftarrow Q_0$；

（2）令世代 $E=1$，…，M；

（3）构建初始状态 s_1；

（4）令 $t=1$，…，T：

（5）基于现有从 Q 函数而来的策略中选择一个行动；

（6）执行 a_t；

（7）获得当前收益 r_t；

（8）采样获得下一个状态 s_{t+1}；

（9）更新 Q 函数：$Q(s_t, a_t) \leftarrow Q(s_t, a_t) + \alpha [r_t + \gamma \max_{a' \in A} Q(s_t, a') - Q(s_t, a_t)]$。

深度Q-Learning算法的步骤如下：

（1）初始化 Q：$Q \leftarrow Q_0$；

（2）令世代 $E=1$，…，M；

(3) 构建初始状态 s_1；

(4) 令 $t=1,\ \cdots,\ T$：

(5) $a_t=\begin{cases}\text{随机选择的状态，以概率 }\varepsilon\\ \max_a Q(s_t,\ a;\ \theta)\text{，以概率 }1-\varepsilon\text{；}\end{cases}$

(6) 执行 a_t；

(7) 获得当前收益 r_t；

(8) 采样并加以处理，获得下一个状态 s_{t+1}；

(9) 更新 D：$D\leftarrow D+\{(s_t,\ a_t,\ r_t,\ s_{t+1})\}$；

(10) 从 D 中采样：$\{(s_j,\ a_j,\ r_j,\ s_{j+1})\}$；

(11) $y_j=\begin{cases}r_j\text{，如果 }s_{j+1}\text{是终点}\\ r_j+\gamma\max_a Q(s_{j+1},\ a;\ \theta)\text{，如果 }s_{j+1}\text{不是终点；}\end{cases}$

(12) 对$[y_j-Q(s_j,\ a_j)]^2$ 执行一次梯度下降。

由上述算法执行步骤对比可以看出，深度 Q-Learning 和经典 Q-Learning 在获得状态的方式上存在差异。传统 Q-Learning 直接从环境观测中获得当前状态，而深度 Q-Learning，需要对观测的结果进行某些处理以获得 Q 函数的输入状态。

在根据状态的 Q 函数执行一次行动 a_t 时，传统 Q-Learning 根据当前 Q 函数的确定性选择一个行动，但深度 Q-Learning 以一个小概率 ε 执行一次随机行动，使得算法可以在探索和利用之间做出权衡；在获得本次行动收益 r_t 和下一个状态 S_{t+1} 时，传统 Q-Learning 从环境中直接获得，但深度 Q-Learning 状态部分可能需要对观察值进行处理；在获得一个四元组 $(s_j,\ a_j,\ r_j,\ s_{j+1})$ 时，传统 Q-Learning 直接令 $j=t$，而深度 Q-Learning 则在历史记录中随机采样一个 j；在计算 y_j 时，深度 Q-Learning 相较于传统 Q-Learning，还需要考虑有限长的状态序列。

第三章
电力相关人工智能技术简介

第一节 智能语音技术

本节主要讲解智能语音技术的基础概念、基本框架和基本模型等理论基础，使读者对智能语音技术有一个充分而全面的认识。

一、智能语音处理的基本概念

机器学习技术的快速发展为智能语音处理奠定了理论和技术基础。智能语音处理方法的主要特点是从大量的语音数据中学习和分析其中蕴含的规律，有效解决传统方法中难以解决的非线性问题，为语音新应用提供性能更好的解决方案。

至今为止，智能语音处理还没有一个精确的定义。从广义层面描述，在语音处理算法或系统实现过程中，全部或部分采用智能化的处理技术或手段均可称为智能语音处理。

经典语音处理方法一般建立在线性平稳系统的理论基础之上，以短时语音具有相对平稳性为前提条件。但是，语音信号是一种典型的非线性、非平稳随机过程，因而采用经典方法难以进一步提升语音处理系统的性能。

二、智能语音处理的基本框架

“声源—滤波器”模型虽然能够有效地区分声源激励和声道滤波器，对它们进行高效的估计，但语音产生时发声器官存在着协同动作，存在紧耦合关系，采用简单的线性模型无法准确描述语音的细节特征。

同时，语音是一种富含信息的信号载体，它承载了语义、说话人、情绪、语种、方言等诸多信息。分离、感知这些信息需要对语音进行十分精细的分析，对这些信息的判别也不再是简单的规则描述，单纯对发声机理、信号的简单特征采用人工手段去分析并不现实。

采用机器学习手段，让机器通过“聆听”大量语音数据，并掌握学习其中规律，是有效提升语音信息处理性能的主要手段。与经典语音处理方法仅限于通过提取人为设定特征参数进行处理不同，智能语音处理最重要的特点就是从数据中学习规律的思想。

图 3-1 给出三种智能语音处理的基本框架，虚线框部分表明与经典语音处理方法存在差异的部分。

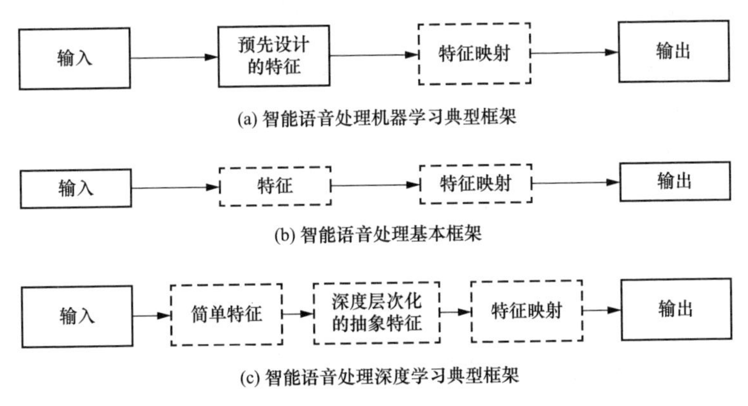

图 3-1　智能语音处理技术框架示意图

图 3-1（a）是在经典语音处理特征提取的基础上，在特征映射部分融入智能处理，是机器学习的经典形式；图 3-1（b）和（c）是表示学习的基本框架，其中图 3-1（c）是深度学习的典型框架，深度层次化的抽象特征是通过分层的深度神经网络结构来实现的。

三、智能语音处理的基本模型

机器学习是目前智能语音处理中最常用的手段，机器学习中的表示学习和深度学习则是目前智能语音处理中最常用的智能处理技术。近年来在智能语音处理中常见的模型和技术有以下几种：

1. 稀疏与压缩感知

在信息处理中，具有稀疏特性的信号表示更易于被感知和辨别，反之则难以辨别。因此，寻找信号的稀疏表示是高效解决信息处理问题的一个重要手段。利用冗余字典，学习信号自身特点，构造信号的稀疏表示，并进一步降低采样和处理的难度。对语音信号采用字典学习方法，构造语音的稀疏表示，为语音编码、语音分离等应用提供了新的研究思路。

2. 隐变量模型

语音数据的所有信息都包含在语音波形中，隐变量模型则是通过假设这些信息是隐含在观测信号之后的隐变量，利用高斯建模、隐马尔可夫建模等方法，建立隐变量和观测变量之间的数学描述，并给出从观测变量学习各模型参数的方法。通过参数学习，挖掘隐变量变化规律，从而得到各种需要的隐含信息，能够有效提高语音识别、人员语音识别等应用的性能。

3. 组合模型

组合模型认为语音是多种信息采用线性叠加、相乘、卷积等不同方式的组合。组合过程中需要模型参数参与，模型参数可以通过学习方式从大量语音数据中学得。组合模型方法可有效提高语音分离、语音增强等应用的性能。

4. 人工神经网络与深度学习

人工神经网络（artificial neural network，ANN）模仿神经元连接成网的方式，通过对环境输入的感知和学习，不断优化性能。

随着 ANN 结构复杂度的增加，其表示能力也得到增强。基于 ANN 进行深度学习成为 ANN 研究的主流，其性能相对于传统机器学习方法有较大幅度的提升。同时，深度学习对输入数据的质量和数量都有着极高的要求。

ANN 在语音处理领域的发展受限于计算资源，应用性能难以提升，直到深层神经网络的计算资源、学习方法得到进一步提高后，基于神经网络的语音处理方法性能才有了显著提升。

四、语音识别技术

声音本质上是一种在空间范围内传递的波。常见的 mp3、wmv 等音频格式文件都做了一定程度的压缩，需要转化为能够保留声音全部信息的 wav 文件格式。wav 文件的存储内容由一个文件头和声音波形的一个个点组成。

语音识别技术需要对语音数据文件进行预处理，降低对后续步骤的干扰。通过对声音数据文件切分成多个小段的分帧操作实现对语音文件的分析。分帧操作并非传统意义上的切分，而是使用移动窗函数来实现。

语音数据的波形需要进行一定的变化以弥补其在时域上描述能力的不足。常见的变换方法是提取梅尔倒谱系数（mel-scale frequency cepstral coefficients，MFCC）特征，将每一帧波形变换成一个多维向量，由非结构化数据形式转变成数理形式的表达，这个过程称为声学特征提取。

特征提取后的语音数据形成一个 12 行、N 列的一个矩阵，如图 3-2 所示。图中每一纵向音频帧用一个 12 维的向量表示，颜色深浅代表向量值的大小。

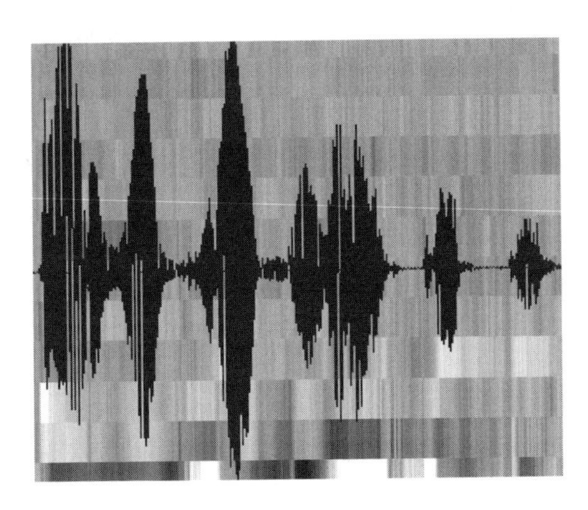

图 3-2 语音数据的观察序列示意图

如何将语音数据矩阵转化为对应的文本信息，需要介绍音素和状态的概念：

音素：单词的发音由音素构成。英语音素集是由 39 个音素构成的音素集。汉语一般用声母和韵母作为音素集。

状态：用于衡量音素的语音单位。一个音素可划分成 3 个状态。

语音识别技术的步骤如下：

（1）将语音的每一个帧识别成状态；

（2）将多个状态组合成音素；

（3）将音素单位组合成对应的文本信息。

如图 3-3 所示，每个纵向矩形代表一帧，若干帧语音对应一个状态，每 3 个状态组合成一个音素，若干个音素组合成一个单词。

每帧音素的对应状态可通过概率推算的方法判定，通过计算某帧对应某个状态的概率最大，则判定该帧属于概率最大的状态值。如图 3-4 所示，某一帧对应 S3 状态的概率最大，则判定该帧属于 s_3 状态。

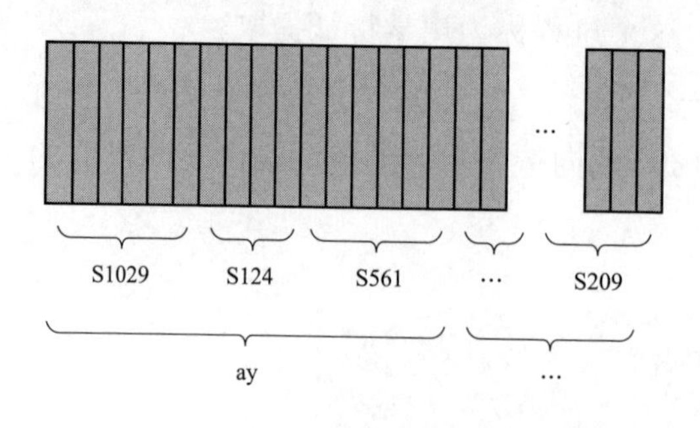

图 3-3　语音识别技术实现示意图

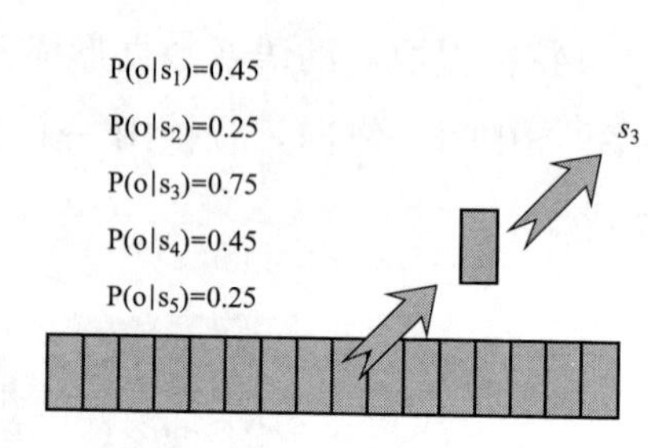

图 3-4　帧音素对应状态判定方式示意图

常用方法是隐马尔可夫模型（hidden markov model，HMM），HMM 的步骤如下：

（1）构建一个语音数据的状态网络。

（2）从语音状态网络中寻找与声音最匹配的路径，如图 3-5 所示。

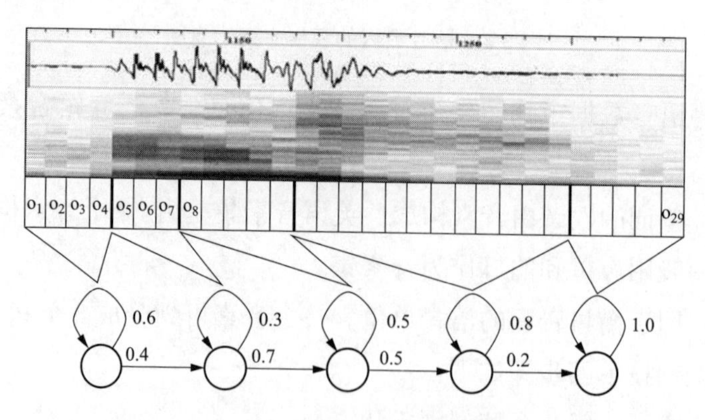

图 3-5　基于 HMM 的语音识别技术示意图

HMM 中的累积概率包括观察概率、转移概率和语言概率。

（1）观察概率：每一个语音帧的对应概率；

（2）转移概率：每个状态转移到自身或转移到下一个状态的概率；

（3）语言概率：由语言规律统计得出的先验概率，语言概率从通过大量文本训练得出的语言模型中获取。

语音识别过程本质上是在状态网络中搜索一条最佳路径。将语音识别结果限制在预设网络中，能够保证语音识别的准确性，但也使得不在预设网络中的识别结果无法被准确识别。因此，只有在大规模的语音数据状态网络情况下，才能够保证语音数据在网络中找到对应文本信息的状态路径。但语音识别的准确率也会随着网络结构和规模越大而难以进一步提升，需要根据任务需求在网络结构规模和识别准确率间平衡选择。

第二节　图像识别技术

本节主要讲解图像识别技术的基础概念、实施步骤以及智能分析处理技术、宽动态图像处理技术和图像数据增强等相关技术的知识，使读者对图像识别技术有一个充分而全面的认识。

一、图像识别技术的概念

图像识别是对视频流和图像流信息进行各种处理、分析和增强，并最终确定要研究的目标。计算机图像识别技术与人类自身对图像识别之间没有本质区别。人类进行图像识别时依赖于图像自身特征的分类，然后通过每个类别的特征来识别图像。从计算机层面，需要学习准确把握各个类别图像的特征，从而实现对图像的精准识别。

二、图像识别技术的实施步骤

图像识别技术的实施包括信息获取、预处理、特征提取与选择等过程。

（1）信息获取是指通过传感器将光或声音信息等环境感知信息转换为电信息。即通过硬件手段获取学习对象的基本信息，并将其转换为机器可以通过某种方式识别的信息。

（2）预处理主要为了增强图像的重要特征，为后续识别工作奠定基础，一般包括以下处理方式：

1）彩色图像处理——用红、绿、蓝三元组的二维矩阵来表示，通过改变对应的矩阵值实现对彩色图像的处理。

2）图像增强——图像质量得到改善，隐藏细节得以提取。

3）图像恢复——清除图像上的模糊和其他垃圾。

4）图像表示和描述——图像处理过程数据可视化。

5）图像采集——图像被捕获并转换。

6）图像压缩和解压缩——必要时更改图像的大小和分辨率。

7）形态处理——描述图像对象的结构。

8）图像识别——识别图像对象的特定特征。

（3）特征提取和选择是指利用图像的独有特征对其进行区分的过程，并从图像的多个特征中选择其最具代表性和辨析性的特征。图像特征并不能完全适用于目标任务，因此需要采用一定的规则来实现选择性提取，即特征选择。

三、宽动态图像处理技术

宽动态范围在数字图像处理中决定图像最终成像质量的特征，其动态变化范围由保护信号量和平均噪声比值决定。

数字信号处理影响因素有曝光效果、光照度和强度。动态范围与图像深度关系密切，图像动态范围的宽窄与图像亮度变化明暗呈正相关关系。目前，图像宽动态范围图像处理技术在电力行业中主要用于夜间大雾大雨等恶劣环境的线路巡检或站点巡检，在各个智能监控终端中也有广泛使用。

宽动态图像处理技术用于解决摄像机在宽动态场景中采集的图像出现明暗区域曝光度不均的问题。宽动态图像处理技术用于平衡明暗区域中的图像曝光度，但存在一定的限制条件：①由于在亮区域短时间曝光的特点，未达到最低抗闪曝光时间，导致图像中保留频闪条纹；②由于在暗区域长时间曝光的特点，高速运动的物体容易产生拖影现象。

四、图像数据增强

在机器学习中的模型训练和学习需要大量的数据，包括有监督学习和无监督学习。因此，数据增强成为解决模型训练过程中数据不足问题的重要手段。

模型信息来源于训练数据信息和模型构造的先验信息。当训练数据不足时，模型无法从初始数据中获取有用信息。先验信息可直接用于模型，改善因数据不足而导致训练效果不佳的情况。例如，可根据先验信息按照特定规则对数据集进行改造，以满足模型训练的要求；添加特定约束条件或改变模型结构，使模型在数据样本较少的条件下获取重要信息，以利于后续模型的训练和学习。

训练数据不足导致过拟合风险，即模型缺少足够的泛化学习能力。根据上述结果，对应的处理方法可分为基于模型和基于数据的方法。基于模型的方法主要是采用降低过拟合风险的方法，包括模型简化、添加约束项以缩小假设空间、集成学习、Dropout 超参数等；基于数据的方法是通过数据增强及先验知识，遵循一定的规则对原始数据进行变换。

具体到图像分类任务中，在保持图像类别不变的前提下，可以对训练集数据的每幅图像进行以下变换：

（1）在空间范围内遵循特定规则的随机旋转、平移、缩放、裁剪、填充、左右翻转等。

（2）对图像中的像素添加噪声扰动。

（3）颜色抖动。在图像的每个像素的 RGB 值上添加增量，其中增量是均值为零、方差较小的高斯分布随机数。

（4）改变图像的亮度、清晰度、对比度、锐度等参数。

第三节　自然语言处理技术

本节主要讲解自然语言处理技术的基本概念、技术分类、基础技术和应用技术等知识，使读者对自然语言处理技术有一个充分而全面的认识。

一、自然语言处理技术的基本概念

自然语言处理（natural language processing，NLP）是通过理解人类语言来解决实际问题的一门学科，是计算机科学与语言学的交叉学科。例如，谷歌的文本搜索引擎、苹果的 Siri、阿里的天猫精灵等工业产品都是 NLP 研究成果的应用。

20 世纪 50 年代，研究者认为不同的语言只不过是对“同一语义”的不同编码而已。然而，人类语言的复杂程度远超过密码，因此研究进展非常缓慢。20 世纪 80 年代，随着计算能力提高和制造成本下降，自然语言处理得到了新的关注。

二、自然语言处理技术的分类

自然语言处理包括语法分析、语义分析、篇章理解等内容。从技术层面可分为基础技术和应用技术，其中：基础技术包含语法与句法分析、语义分析和知识图谱等内容，应用技术包含机器翻译、信息检索、情感分析、自动问答、自动文摘和信息抽取等多方面的应用。

三、自然语言处理基础技术

1. 词法、句法及语义分析

词法分析包含词性标注和词义标注。词性是词汇的基本属性，词性标注指确定语句中每个词的语法范畴并进行标注。词义标注指对某一个多义词在某一个具体语境的词义进行标注。

句法分析包含判断句子的句法结构和组成句子的各成分两个部分。句法分析有完全句法分析和浅层句法分析两种；完全句法分析的最终目标是得到语句的完整的句法树，但存在词性歧义和句法树构建空间过大的问题；浅层句法分析是通过对语句中结构相对简单的部分进行分析，完成对语块的识别和语块间逻辑交互关系分析的任务。

语义分析是指根据句子的句法结构和每个实词的词义推导出来能够反映句子意义的某种形式化表示，将自然语言转化为计算机语言。

2. 知识图谱

知识图谱是一种描述客观世界的概念、实体、事件等之间关系的表示形式。知识图谱在表现形式上更侧重于表述实体之间的关系。知识图谱中包含的节点有以下几种：

（1）实体：实体是知识图谱中最基本的元素，指代现实世界的具体事物。

（2）语义类：具有同种特性的实体构成的集合。

（3）属性：指对象指定属性的值。

（4）关系：将节点映射到布尔值的函数。

四、自然语言处理应用技术

1. 机器翻译

机器翻译（machine translation，MT）是指通过特定的计算机程序将自然语言做互译的工作。

机器翻译的研究经历了基于规则的方法、基于统计的方法、基于神经网络的方法三个发展阶段。在早期阶段，主要使用基于规则的方法，根据语言专家编写的翻译规则进行翻译。基于规则的方法受限于人工编写的规则的质量和数量，编写规则费时费力，且翻译规则难以具有普适性。基于统计方法的机器翻译方法使用双语平行语料库，即同时包含源语言和与其互为译文的目标语言文本的语料库，作为训练数据。统计机器翻译模型从平行语料中挖掘出不同语言的词语间的对齐关系，基于对齐关系自动抽取翻译规则。

一个经典统计机器翻译模型通常包含翻译模型、调序模型和语言模型三部分。翻译模型负责估算单词短语间互为翻译的概率，调序模型对翻译后语言片段排序进行建模，语言模型则用于计算生成的译文是否符合目标语言的表达习惯。

机器翻译的方法可分为基于理性和基于经验的研究方法。“理性主义”的翻译方法是指计算机遵循固定、高认可度高和高流通性的语言规则进行翻译。这种方法能够把握语言间深层次的转换规律，但对知识广度和深度要求较高，使得研制系统的成本高、周期长，面向小语种翻译困难。“经验主义”的翻译方法指从大规模数据中学习自然语言之间的转换规则，但统计机器翻译也存在诸如数据稀疏、难以设计特征等问题。

2. 信息检索

信息检索指用户从遵循一定规则存储的信息集合中查询目标信息的过程。信息检索的基本原理是将用户输入的检索关键词与信息集合中的标签词汇进行比对，比对结果完全符合或部分符合时，则列出候选结果由用户人工选择目标信息。

3. 情感分析

情感分析是通过计算技术对文本中包含的人为情感进行挖掘和分析。

4. 自动问答

自动问答是计算机在用户输入信息后，在已有的数据库中进行比对，并整理检索得到的信息，最终以自然语言方式表达输出结果。

5. 自动文摘

自动文摘是依据用户需求从源文本中提取最重要的信息内容，最终生成经过提炼总结后的重要信息。自动生成的文摘具有压缩性、内容完整性和可读性。

6. 信息抽取

信息抽取是对文本中的关键信息进行抽取并存入结构化数据库，为构建知识库、智能问答等应用提供数据支撑。

第四节 知识图谱技术

知识图谱技术将原本离散的数据遵循特定规则以节点方式连接，对节点间关系进行推理，在信息搜索、推荐、推理等多个领域都有广泛的应用。

本节主要讲解知识图谱技术的结构设计、信息抽取、数据存储、更新和搜索等知识，使读者对知识图谱技术有一个充分而全面的认识。

一、知识图谱结构设计技术

电力设备知识图谱的结构设计旨在定义面向电力设备的知识图谱。电力设备知识图谱的图结构定义了电力设备数据模型，包含有实际操作意义的概念的类型与属性。构建以电力设备为图的中心节点、电力设备属性为图的普通节点、电力设备与设备属性间的关系为边的图结构。在进行知识图谱图结构设计时，需要针对电力设备运行、维护等实际工作场景以及光照、风力和突发灾害等环境因素，综合考虑各种来源数据，抽象出电力设备的概念层次。知识图谱结构设计有人工设计和自动实现两种方式。人工设计图结构时需要从确保电力设备正常运行与维护以及管理的角度出发，结合电力设备质量评价需求，设计自上向下的电网领域知识图谱模型，实现多源异构数据在图数据库中的高效存储。自动知识图谱结构设计需要从电力设备的说明文档或工作数据中提取出事实信息，根据事实信息自动推理出事实概念和系统运行模式。

二、信息抽取技术

对于半结构化和非结构化的电力数据，需要通过信息抽取技术来获取知识。信息抽取是从电力设备的属性文档或工作数据等文本资源中抽取电力巡检领域内的事件或事实信息，并将其进行结构化处理，然后以统一的形式集成在一起，以便于后续信息数据的管理与使用。信息抽取技术主要包括命名实体识别、指代消解和关系抽取。

实体识别是指从文本数据中提取出如电力设备名称、设备所处位置等实体数据。早期实体抽取主要面对特定领域问题，根据文字的结构特征设计了一种实体抽取方式。但这些方式需要对不同领域的文本单独设计文本特征，维护成本高。随着电网发展，电力数据不断增长，电力设备的型号越来越多，功能也日益复杂，原始的抽取系统难以胜任，研究重心转移至利用深度学习网络提取实体。比如，基于长短时记忆模型（long short-term memory，LSTM）和条件随机场（conditional random field，CRF）设计一种神经网络模型提取实体，减少了人工特征和领域专业知识的应用。此外，双向 LSTM 和 CNN 混合模型被用于自动检测单词和字符级特征。在中文文本的关系提取问题上，可用一个基于实体字符特征的注意力模型来实现对文本关系的提取。

关系抽取的任务是在文本中查找实体之间的语义关系，也可被视为判断句子中两个实体是哪种关系的多分类问题。早期的关系抽取包括基于规则的关系抽取方法、基于词典驱动的关系抽取方法和基于本体的关系抽取方法。在引入机器学习后，以统计语言模型为基础进行关系抽取能明显提高结果的召回率。例如，融合上下文特征和实体对间的长期相关特征、实体顺序特征、实体间顺序特征以及标点符号特征，并混合朴素贝叶斯模型和投票感知模型进行关系分类。此外，将文本特征划分成不同的子空间，结合条件随机场模型也能够有效提升关系抽取的准确性。由于传统机器学习的关系抽取方法需要大量的人工特征标注作业和领域专业知识，仍不适合大规模数据集的应用，于是通过深度学习进行关系抽取也成为热门研究方向。

三、数据存储、更新和搜索技术

知识图谱的存储更新是指将处理过的结构化知识图谱数据存储到数据库中，后续录入新数据时会及时更新数据库中已有的模式、实体与关系。数据库分为关系型数据库和非关系型数据库两种，在选择数据库种类时应充分考虑数据格式与数据规模。关系型数据库采用关系模型来组织数据，结构固定，能反映数据的关系连接，但空间利用率和查询效率较低，可以应用在小规模的知识图谱存储中，但难以胜任大规模的关系图谱存储。非关系型数据库用键值对来存储数据，结构不固定，可以减少时间和空间开销。目前，基于非关系型数据库的知识图谱存储技术是相关研究的主流。图数据库是一种典型的非关系型数据库，图数据库的设计符合知识图谱的数据结构特点，增强了对于图的关系表达能力，能提供丰富的图查询语言，支持图的相关挖掘算法。

知识图谱更新包括图设计的模式更新和数据层的数据更新，在加入新的数据时可能会产生新的本体概念和关系模式，要及时更新本体元素，包括实体以及实体间关系和属性值的增加、修改、删除。知识图谱的更新方式包括全面更新和增量更新，全面更新即重新构建知识图谱，时间开销较大；增量更新保留已有的实体与关系，加入新的知识。

知识图谱可以帮助用户实现快速的语义、结构或关系搜索。互联网应用中的知识图谱大多使用资源描述框架（resource description framework，RDF）来描述世界上的各种资源，并以三元组的形式保存到知识库中。RDF 是一种资源描述语言，它受到元数据标准、框架系统、面向对象语言等多方面的影响，被用来描述各种网络资源，RDF 为人们在 Web 上发布结构化数据提供一个标准的数据描述框架。

第五节 机器人流程自动化技术

机器人流程自动化（robotic process automation，RPA）技术作为落实国家电网公司数字化转型、提升企业智慧运营能力、打造透明高效业务流程的重要抓手，目前已经在 ERP、用电信息采集系统、营销业务系统等多个业务系统中应用。

本节主要讲解 RPA 的基本概念、工作流程和适用条件等相关知识，使读者对 RPA 技术有一个充分而全面的认识。

一、RPA 技术基础概念

RPA 指用于替代人类员工实施基于规则的高度重复性工作的程序。典型的 RPA 平台包含开发、运行、控制三个组成部分。

1. 开发工具

开发工具主要用于建立软件机器人的配置或设计机器人。通过开发工具，开发者可为机器人执行一系列的指令和决策逻辑进行编程。

开发工具里包括记录仪、插件/扩展和可视化流程图。其中：记录仪用以配置软件机器人，可记录用户界面里发生的每一次鼠标动作和键盘输入；插件/扩展是为了让配置的运行软件机器人变得简单，大多数平台都提供许多插件和扩展应用；可视化流程图是为方便开发者更好地操作RPA平台，推出流程图可视化操作。比如，UiBot开发平台包含流程视图、可视化视图、源码视图三种视图，分别对应不同用户的需求。

2. 运行工具

当开发工作完成后，用户可使用该工具运行已有的软件机器人，也可以查阅运行结果。

3. 控制中心

控制中心用于软件机器人的部署与管理，包括开始/停止机器人的运行、为机器人制作日程表、维护和发布代码、重新部署机器人的不同任务、管理许可证和凭证等。当需要在多台PC上运行软件机器人的时候，可实现机器人集中控制，完成统一分发流程、统一设定启动条件等任务。

二、RPA机器人的工作流程

（1）流程开发及配置：开发人员制定详细的指令并发布到机器上，具体包括应用配置、数据输入、验证客户端文件、创建测试数据、数据加载及生成报告。

（2）业务用户能够通过控制中心给机器人分配任务并实现活动监控，将流程操作实现为独立的自动化任务，交由软件机器人执行。

（3）机器人位于虚拟化或物理环境中，不需要与系统开放任何接口，仅需通过用户界面与各种各样的应用系统（如ERP、SAP、OA等）交互，完全模拟人类操作，自动执行日常的劳动密集且重复的任务。

（4）业务用户审查并解决任何异常或进行升级。

三、RPA机器人的适用条件

选择RPA实现替代重复性工作需要满足一定的条件，它适合于重复的、有规则的、稳定少变的流程。

（1）重复度高。RPA 适合的流程必须是高重复性，因为开发一个流程需要时间和开发成本，如果一个流程只是一次性的或者使用频率极低，则不具备开发实用性。相反，如果一个流程是高重复性的，时间成本和人工成本则处于较高水平，此时 RPA 可发挥的重要作用。另外，高重复性的工作也可以在最短时间内搜集足量的测试数据，缩短开发周期。

（2）规则性强。RPA 应用的业务流程需要满足具备一定的规则性和人为判断参与度低的条件。

（3）稳定度高。RPA 常用操作载体是各类软件、客户端或门户网站，操作界面具有稳定性。如果用户业务流程变动性高，则操作界面也需做出相应的改动，增加维护成本，因而 RPA 技术更适用于流程变动性低的业务。

第四章

电力人工智能典型应用分析

第一节 人工智能在电力企业经营管理中的典型应用

一、人脸识别典型应用

（一）应用描述

在企业管理中，存在人员出勤管理、陌生人员来访管控以及安全区域访问人员鉴权等安全管控问题。人工智能中的人脸识别技术可应用于电力企业智能人员管理管控，通过在职人员到岗及离岗刷脸打卡、陌生人员入场及时提醒管控、危险及涉密区域人员作业认证授权和人员信息自动生成维护等功能，把控在职人员出勤状态，保护在职人员个人身份信息，防止其他陌生人员误入敏感及危险区域，保障电力企业经营管理及生产运营安全。

（二）技术方案

1. 人脸信息采集

人脸识别是基于人的脸部特性信息进行身份识别的一种生物识别技术，通过广泛部署的电力自助服务终端，采集含有人脸的图像或视频流（视频监控快速身份识别技术），并自动在图像中检测和跟踪人脸，进而对检测到的人脸进行脸部的一系列相关技术数据分析和处理。人脸信息采集界面如图 4-1 所示。

2. 人脸及身份信息绑定

利用现有二代身份证识别功能，提取出二代身份证人员图像，进行人脸检测数据与人员图像的比对，验证操作人员的合法身份。人脸信息读取界面如图 4-2 所示。

3. 刷脸技术应用

利用超低数据量人脸识别技术，解决电力自助服务终端进行人脸识别数据采集、传输、比对及存储等问题，实现与后台各类电力信息化系统的数据信息共享。人脸信息验证界面如图 4-3 所示。

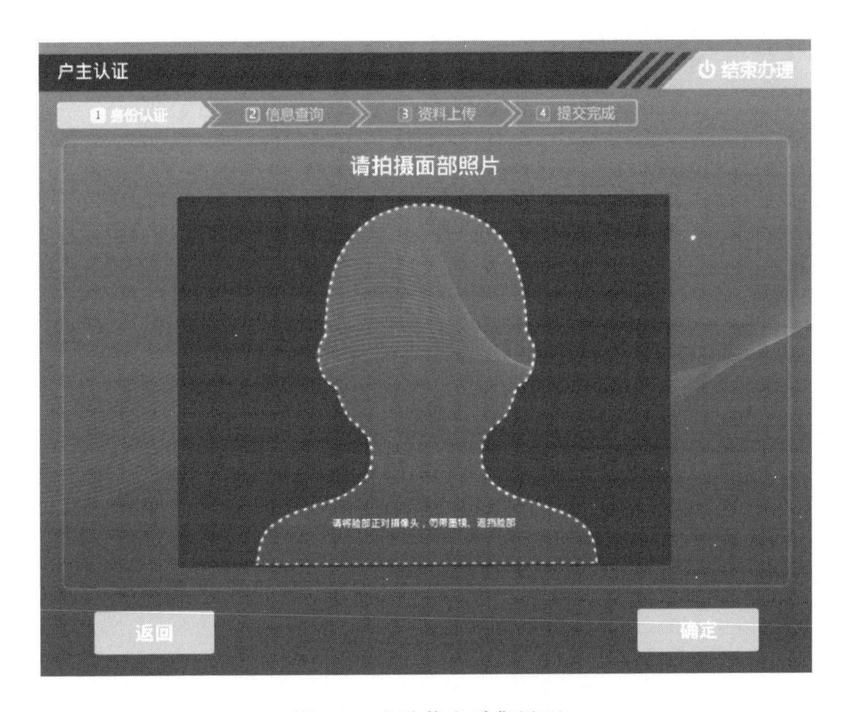

图 4-1　人脸信息采集界面

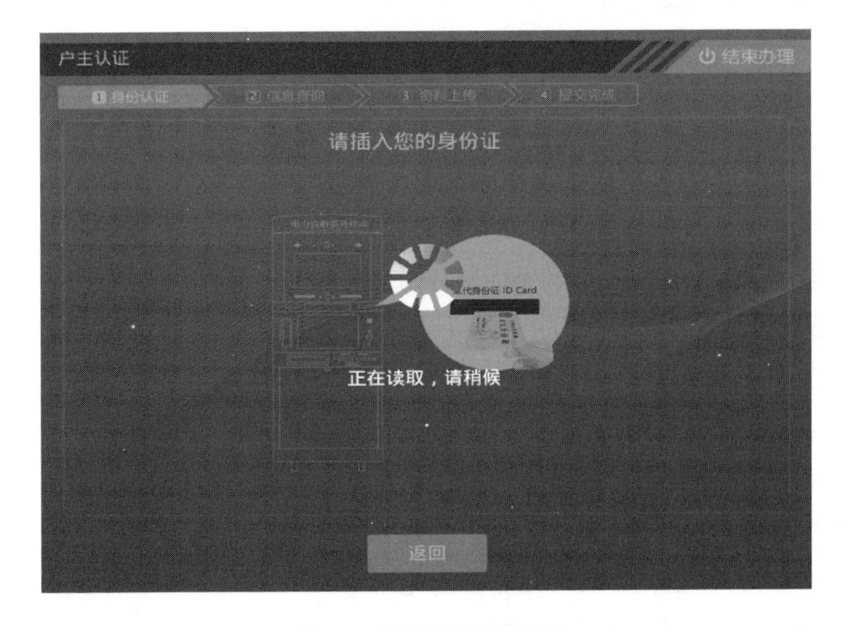

图 4-2　人脸信息读取界面

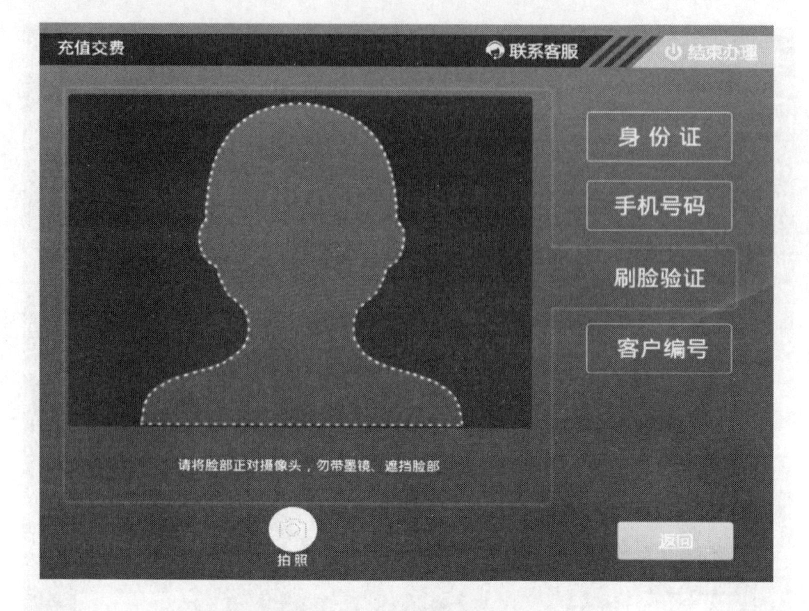

图 4-3 人脸信息验证界面

二、OCR 典型应用

（一）应用描述

在电力业务办公中，存在文件数目繁多、票据审核周期长、人工效率低下和单据审核人为错误等问题。人工智能中的光学字符识别（optical character recognition，OCR）技术可提高电力业务办公的质量和效率。OCR 技术具有文件检测、文字识别与强化等能力，支撑发票识别、专利识别、合同识别等各类业务应用。

（二）技术方案

如图 4-4 所示，通过应用 OCR 识别技术，围绕电力办公智能化典型业务场景，提炼固化公文办理各环节的业务规则，对公文办理、跟踪督办全过程进行智能化改造，强化公文智能检索，实现公文多维智能分析统计，提升公文处理规范化、自动化、智能化水平。另外，如图 4-5 所示，通过结合 OCR 识别、即时通信、移动办公、语音识别、文本分析、智能问答等技术手段，关联各类办公设备和资源，实现工作总体情况随时掌握、重要提醒实时知悉、事项进展一目了然，支撑个人办公中办理、查询、提醒、跟踪、沟通、工作安排等核心业务场景，有效提升办公效能。

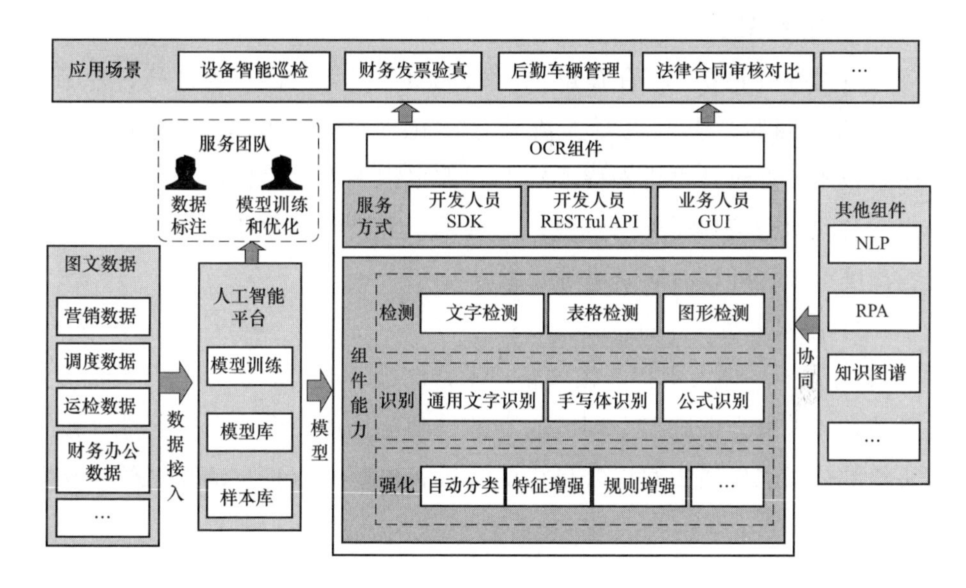

图 4-4　OCR 识别技术方案架构

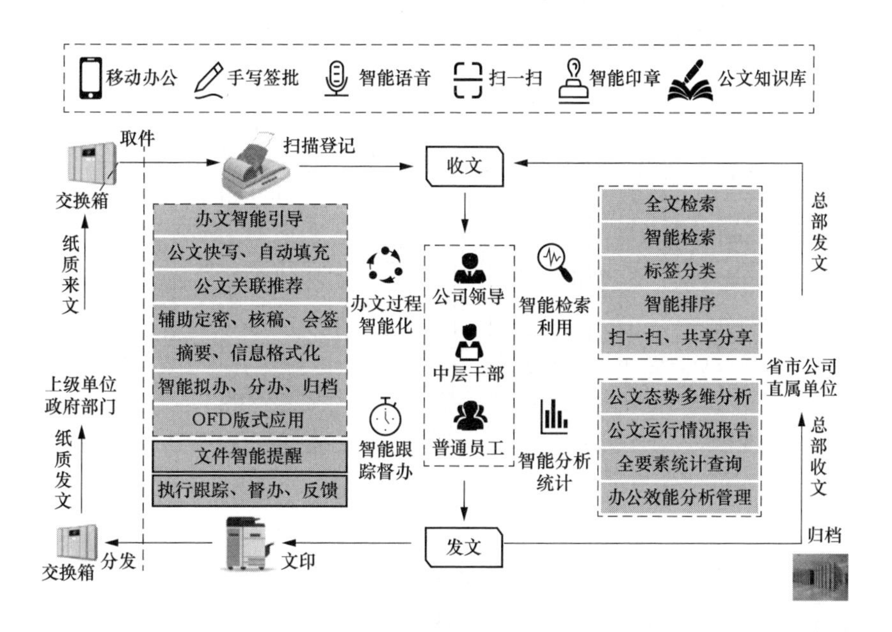

图 4-5　智能化办公业务流程

三、机器人流程自动化

（一）应用描述

在电力办公业务中，存在审批流程繁琐、部分工作重复性高、人工审核易出错等问题。引入机器人流程自动化（robotic process automation，RPA）技术，通过计算机编程或辅助软件模拟人类的操作，按照人类设计的规则自动执行流程任务，实现人工替代，解决电网业务工作量大、处理内容高度重复、处理时间紧迫等问题。

（二）技术方案

RPA作为一项人工智能领域新技术，已被证明可以贯穿电力系统多业务环节，实现电力系统多个环节的高效自动化作业，助力电力企业实现基层班组减负与工作质效双提升目标的实现，机器人流程自动化总体架构如图4-6所示。

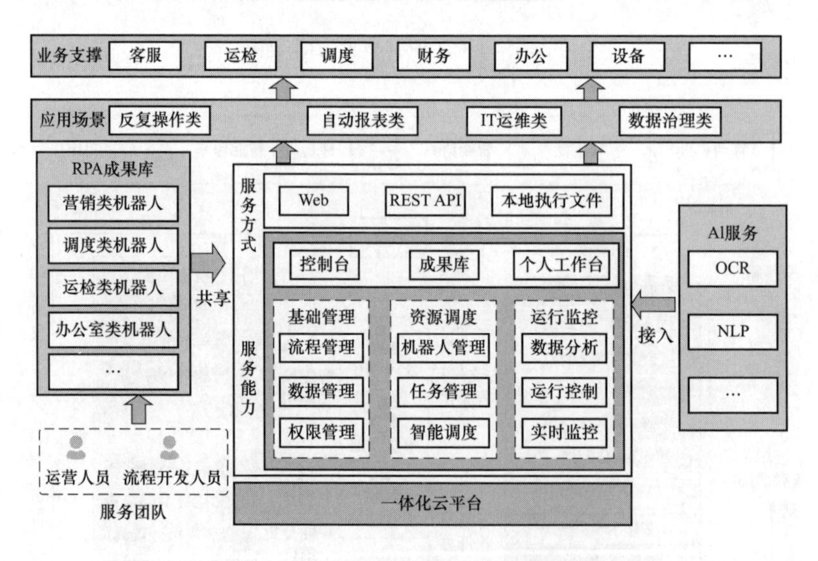

图4-6　机器人流程自动化总体架构

目前，各省电力公司已在营销、设备、财务、运检等多个专业领域应用RPA技术。在营销领域中，每年都有大量的低压非居民批量新装业务。然而这些批量新装具有一个共同特点，即存在较多重复信息录入。RPA机器人可以自动完成抓取客户信息中的数据、填入受理页面、抓取供电方案数据表、填入踏勘页面等操作，实现业务受理流程和踏勘业务的自动流转。相较于人工操作，RPA 进行低压非居民新装基础信息录入的效率可提高 5 倍，同时能有效减少业务差错概率，避免重复返工。

在设备领域，目前线路或公变、专变在计划检修或故障后，时户数以配电自动化主站系统内终端复归时间来计算。现场恢复送电后，因终端软件问题或者复电报文延迟上报等原因，出现现场实际已复电，四区主站系统内终端却未复归的情况，导致系统内时户数白白流失，供电可靠性数据向下失真。人工操作时，需要在终端检修或故障结束后，第一时间登录配电自动化主站系统进行未复归配变人工召测。引入 RPA 技术后，自动进行系统登录、未复归终端数据查询、高压召测未复归数据等操作，并能通过设定，自动循环确保第一时间对终端进行复归，解决业务流程多、人工费时费力的问题。

第二节　人工智能在电网生产运行中的典型应用

为有效支撑国家电网公司人工智能应用，以业务需求为驱动，建设总部—省公司—边端多级协同的全栈式人工智能支撑能力，开展“两库一平台”（样本库、模型库和人工智能平台）建设工作，使各单位能够最大程度应用人工智能技术，支撑电网全场景人工智能应用。

“两库一平台”总体设计架构如图 4-7 所示。“两库一平台”采用两级协同模式，建立总部—省公司样本、模型共建共享，总部提供人工智能训练环境，省公司重点建设人工智能运行环境，重点开展人工智能应用，总体按照边缘和端的定位配备相应的算力和模型运行能力，支撑人工智能在各个电力业务场景的应用。

一、输电场景智能应用

（一）应用描述

输电线路环境复杂，纯人工方式的巡检不仅效率低下，而且在高山、森林、大雾天气等自然环境下难以准确把握输电线路的实际运行状态。依托电力人工智能平台，通过开展输电线路无人机巡检影像和通道监拍图像样本库建设，构建输电线路无人机巡检、通道监拍图像隐患识别模型，支撑输电线路和通道智能巡视作业的应用建设。

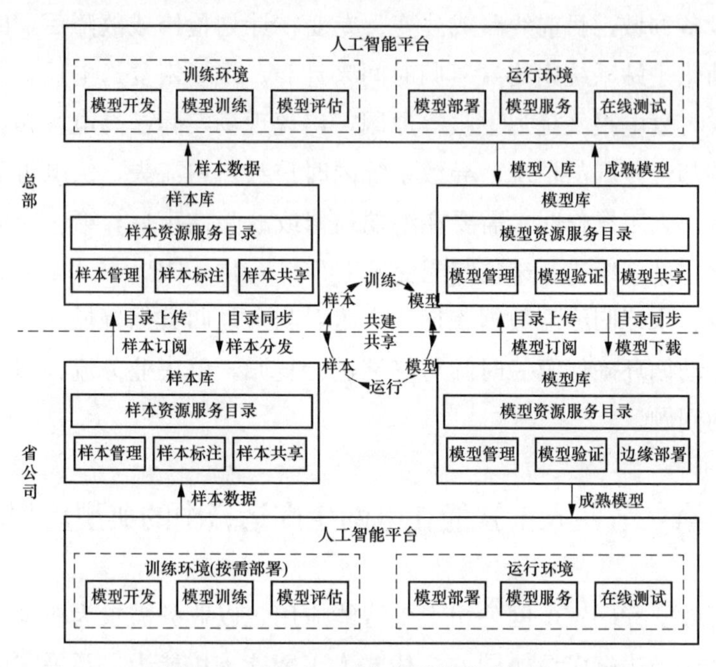

图 4-7 “两库一平台”总体设计架构

(二) 技术方案

开展输电线路智能化巡视应用，需要对输电巡检视频图像数据的采集、处理、标注，构建输电巡检影像样本库，为智能化诊断模型的训练效果提升提供基础。利用视频处理分析、深度学习、可见光/红外融合等关键技术，完成输电巡检视频图像数据识别算法模型优化训练，实现对输电线路细粒度、粗粒度缺陷的全方位诊断，提升智能化巡视水平。运用输电线路智能化巡视系统，进行输电线路缺陷模型集成封装及部署，实现输电线路各类缺陷的智能识别及分析诊断。

输电线路智能化巡视总体架构分为基础层、能力层、服务层和应用层四个维度，如图 4-8 所示。其中，基础层提供数据和存储能力，能力层对数据进行识别和分析，服务层提供接口服务，应用层包含缺陷模型应用和资源管理等，对巡检影像数据进行标注、模型训练优化，多方位支撑输电智能业务的开展。

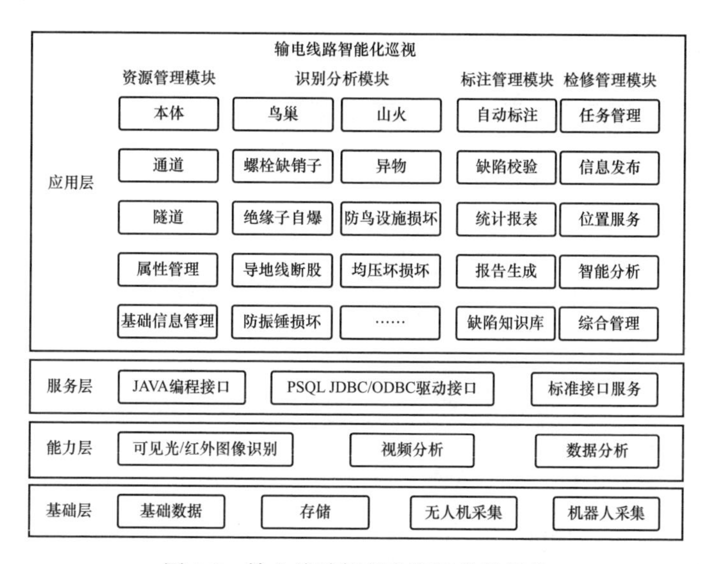

图 4-8　输电线路智能化巡视总体架构

1. 资源管理模块

资源管理模块提供对输电线路本体、通道、隧道巡检图像视频的管理功能，和图像的上传、预览、删除和下载等功能，以及数据属性管理和基础信息管理。

2. 识别分析模块

提供输电巡检视频分析、图像识别、红外图像识别等能力，实现输电线路本体缺陷智能诊断服务，如绝缘子自爆、防振锤损坏、螺栓缺销子等。

3. 标注管理模块

提供输电线路巡检影像自动标注与缺陷核验，形成缺陷知识库，统计整理各类缺陷信息，汇成报表，按照特定巡检报告生成具体巡检报告。

4. 检修管理模块

管理输电线路巡检任务，发布各类信息，提供智能分析和位置服务，实现线路故障、缺陷和隐患的高效合理处置。依据缺陷类别和等级，智能辅助制定缺陷决策建议，提出作业类型建议；根据缺陷等级，智能提出作业时间和实施时间建议。

输电线路智能化巡视应用依托人工智能平台、电网资源业务中台、统一视频平台，应用模式可分为云端分析模式和边缘分析模式，应用架构如图4-9所示。

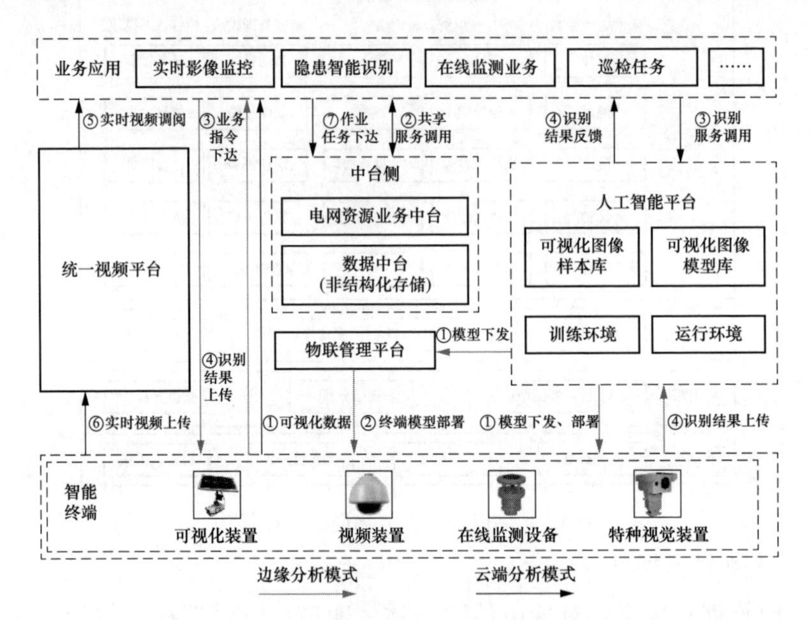

图4-9 输电线路智能化巡视应用架构

云端分析模式：可视化拍摄巡检图像上传业务应用后，在云端调用人工智能平台的模型服务，完成推理分析后，人工智能平台将识别结果反馈至业务应用。

边缘分析模式：模型通过人工智能平台部署至边端侧，业务应用将业务指令下达给边端设备，智能终端直接将识别结果上传业务应用，调用云端分析模式进行精细化检测。

二、变电场景智能应用

（一）变电站远程智能巡视

1. 应用描述

为减轻变电站一线运维人员例行巡视压力和推进变电站智能化改造进

程，辅助运维人员开展设备及设施类例行巡视，可利用人工智能中的图像识别技术，实现变电站设备外观缺陷、运行状态、作业安全管控风险识别。结合云边协同算法管理体系，逐级自动收集设备缺陷和风险行为样本，逐步扩展缺陷及异常可识别种类，实现算法模型向边端智能分析设备的远程自动更新。优化调整人工巡视内容、巡视周期等作业规程。

2. 技术方案

变电站远程智能巡视应用依托人工智能平台、电网资源业务中台、数据中台等，贯通“云一边一端”通信链路，构建变电站远程立体巡视体系。通过远程智能巡视主机下发巡视任务，智能终端自动开展巡视任务，就地识别设备运行状态；人工智能平台自动标注、处理上传的设备缺陷样本，更新设备运行状态样本库，并将样本存储至业务中台；使用人工智能平台完成算法模型迭代、验证分析，将模型识别结果反馈业务应用，同时根据实际业务需求将算法模型下发至远程智能巡视主机。变电站远程智能巡视应用架构如图 4-10 所示。

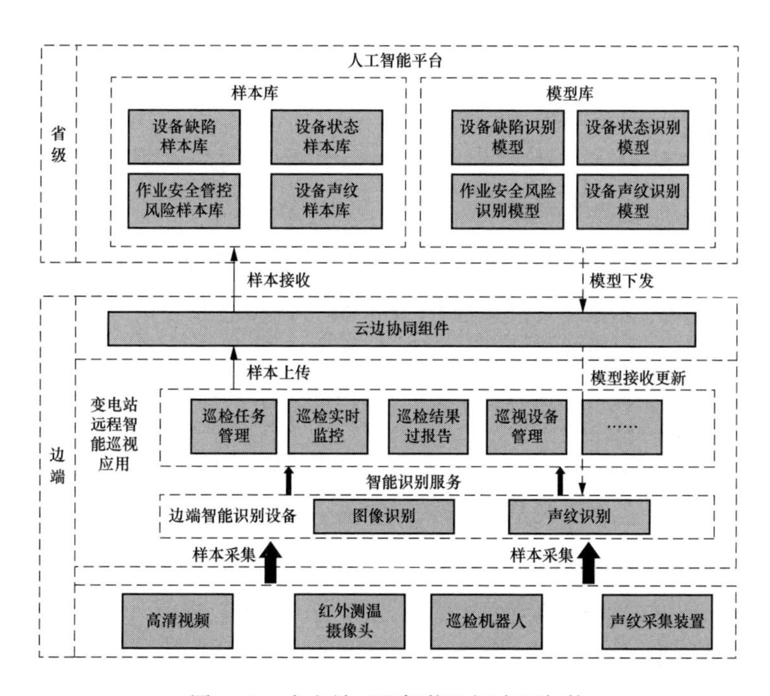

图 4-10　变电站远程智能巡视应用架构

开展变电站远程智能巡视应用，依托人工智能平台的样本库、模型库及推理环境，构建变电站设备缺陷和风险行为样本库和模型库，通过样本数据的上传和识别模型的下发更新，构建完备的云边协同算法管理体系。通过提高变电站“状态全面感知、信息互联共享、人机友好交互、设备诊断高度智能”能力，建设智慧变电站，功能结构流程如图 4-11 所示。

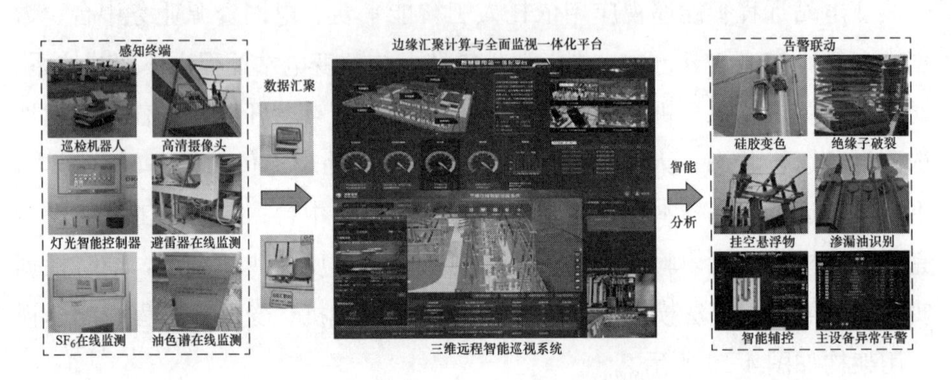

图 4-11　智慧变电站功能结构流程

（二）变电设备运行声纹智能检测

1. 案例描述

变电站高压设备故障存在发现困难、隐藏周期长、危害性大、瞬时破坏性高等问题，因此需要对变电站中的关键设备进行定期检查。依托人工智能中的声纹识别技术，记录关键设备的运行声纹特征，实现对变压器关键设备的全生命周期把控。

2. 技术方案

实现声纹识别首先需采集主设备声纹数据，构建声纹样本库。采用多形态的传感器，记录开关柜、GIS、变压器、电抗器、电压互感器等设备的声纹声音和声纹振动信号。声纹样本库的建设不仅需要设备正常运行时的声纹数据，还需要通过故障模拟等方式，收集异常数据，声纹智能应用架构如图 4-12 所示。

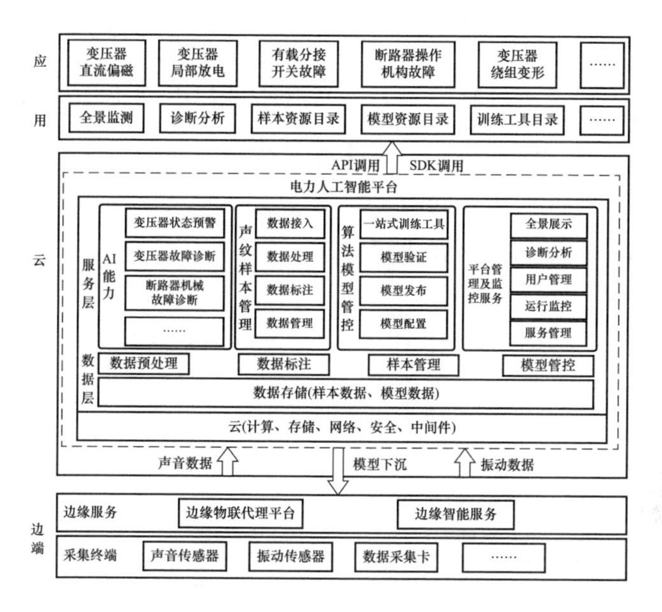

图 4-12　声纹智能应用架构

通过声纹识别算法，构建异常工况、绕组变形、偏磁异常、内部放电等常见设备缺陷的识别模型，及时发现设备的潜在缺陷隐患，降低故障发生概率，缩短故障处理和应急抢修时间，为电网安全稳定运行提供坚强保障，为基层巡检人员减负。

三、配电场景智能应用

（一）应用描述

配电业务中存在无人机图像数据繁多、质量良莠不齐、现场监管力度不够等问题，导致配网线路巡视作业困难。可通过配网线路巡视缺陷图像识别算法，结合配网无人自主巡检管控平台，实现对配网业务无人机智能巡视应用。

（二）技术方案

无人机巡检应用依托人工智能平台、电网资源业务中台、统一视频平台等，打通无人机数据交互通道，实现无人机微应用群，满足现场监控、业务管理和综合管控等业务需求，配网无人机智能应用架构如图 4-13 所示。

如图 4-14 所示，根据 GIS 地理位置信息建设配网线路地图模型和线路模型，规划无人机巡检航线，无人机在巡检过程中同步拍摄巡检图片，上传业务应用后，在云端调用人工智能平台的模型服务，缺陷智能识别经人工审核后，反馈业务应用。同时，缺陷样本沉淀至样本库，持续迭代优化配网线路缺陷样本库和识别算法模型。

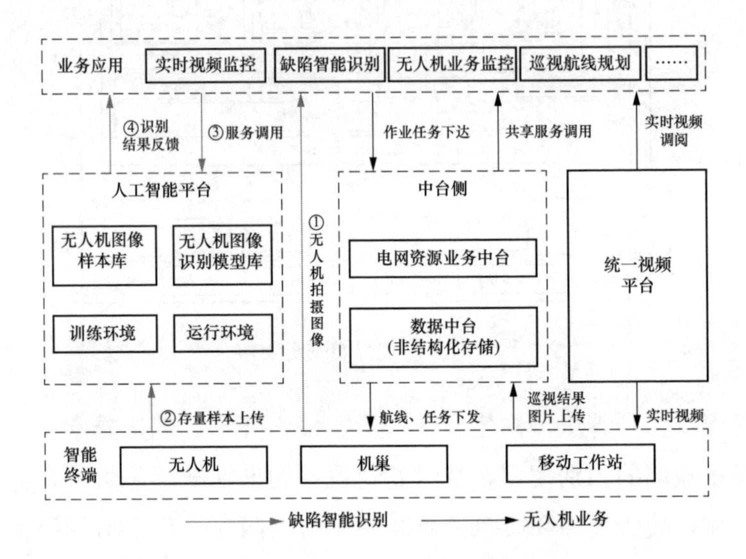

图 4-13 配网无人机智能应用架构

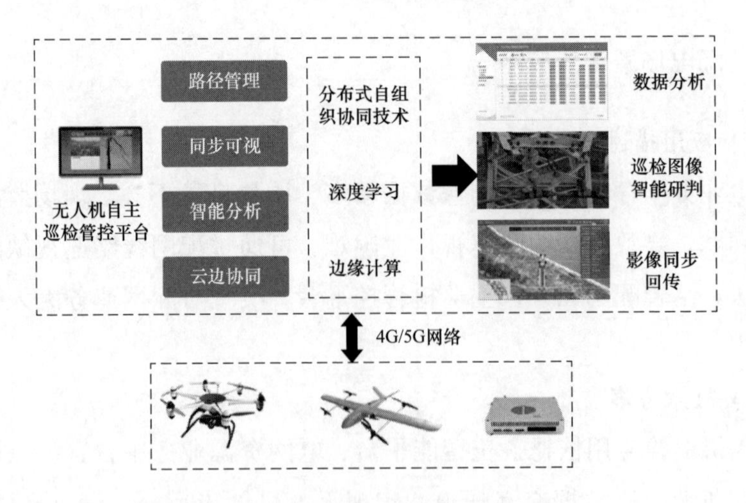

图 4-14 配网无人机应用技术流程

四、安监场景智能应用

（一）数字化安全管控智能终端

1. 应用描述

电网工程作业现场存在环境复杂、数据来源繁多、安全管控能力不足和人员行为识别困难等问题，可应用人工智能技术打造数字化安全管控智能终端，整合现场各类终端设备采集数据与后台业务数据，将作业现场定位分析与图像识别能力结合，自动跟踪和识别违章，及时向现场、远端管理人员推送警示信息，提升作业现场安全管控的数字化水平。

2. 技术方案

应用人工智能、边缘计算、云计算、大数据等先进技术和信息化手段，构建违章智能识别算法模型，基于边缘计算和云计算设备开展现场应用，通过图像或视频识别的方式，实时自动识别各类电力施工作业现场常见违章行为（包括行为违章和设备违章），实现安全管理由人防向技防、人防相结合方式转变，提升作业现场安全管控质效。安监领域智能应用架构如图 4-15所示。

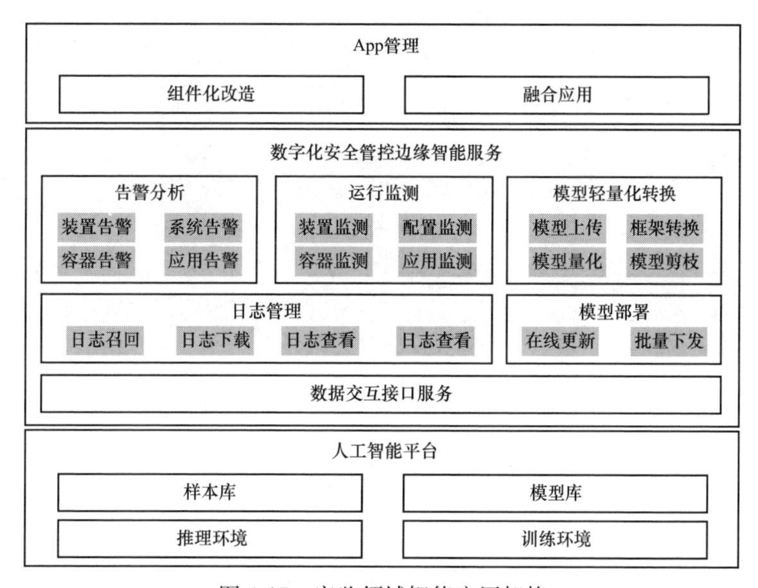

图 4-15　安监领域智能应用架构

典型作业场景下的违章识别算法深度融合人工智能技术和边缘计算技术，通过深度学习，不断提高特征抓取、识别的准确性。算法能够识别未佩戴安全带、未佩戴绝缘手套、吸烟、打电话、未穿工作服、无人监护、无人扶梯、未系安全帽下颚带、人员倒地、异常烟火、拉线未正确装设、地脚螺栓未拧紧、高处作业区域、应拉断路器未拉开、应合接地刀闸未合上、接地线装设不合格等违章行为，以及大型车辆、多人人脸及动态跟踪等现场情况，识别效果如图 4-16 所示。通过不同作业阶段违章作业行为精准识别和各类违章告警信息实时上报，提升作业现场安全管控数字化、智能化水平。

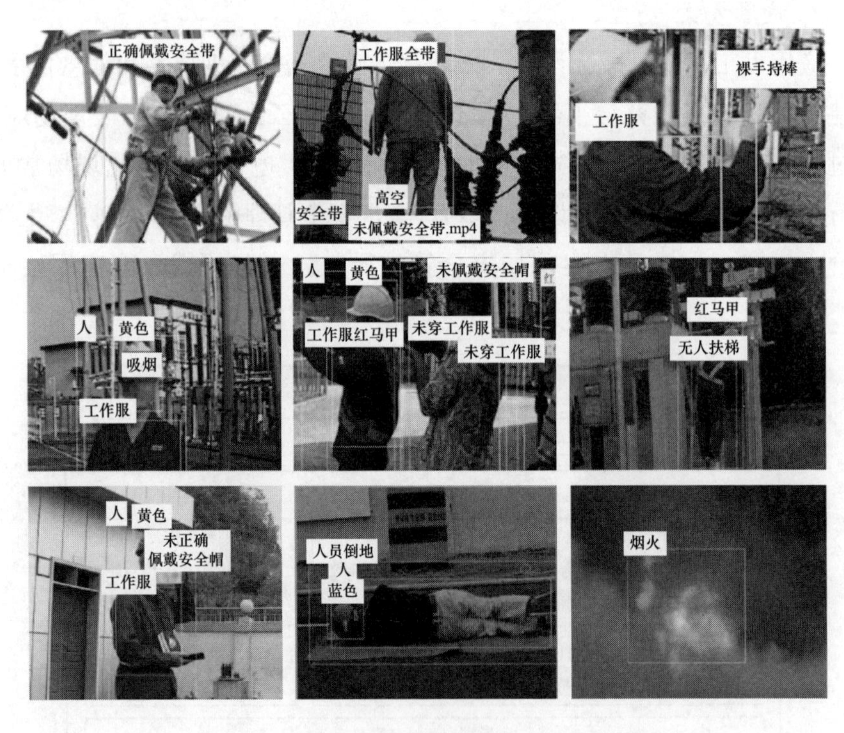

图 4-16　作业现场安全风险管控监测识别效果

（二）安监移动 App 智能语音交互应用

1. 应用描述

电网作业现场存在监管手段不足、监管范围较窄和实时交互能力低下等问题，在安全生产风险管控平台的基础上，可通过融合智能语音技术，提供实时互动、高效管控、智能研判的安全监管服务，进一步提高电网作业现场安全监管力度，实现智能化安全监察与管理。

2. 技术方案

智能语音技术可在安全生产风险管控平台实现的功能如图 4-17 所示。

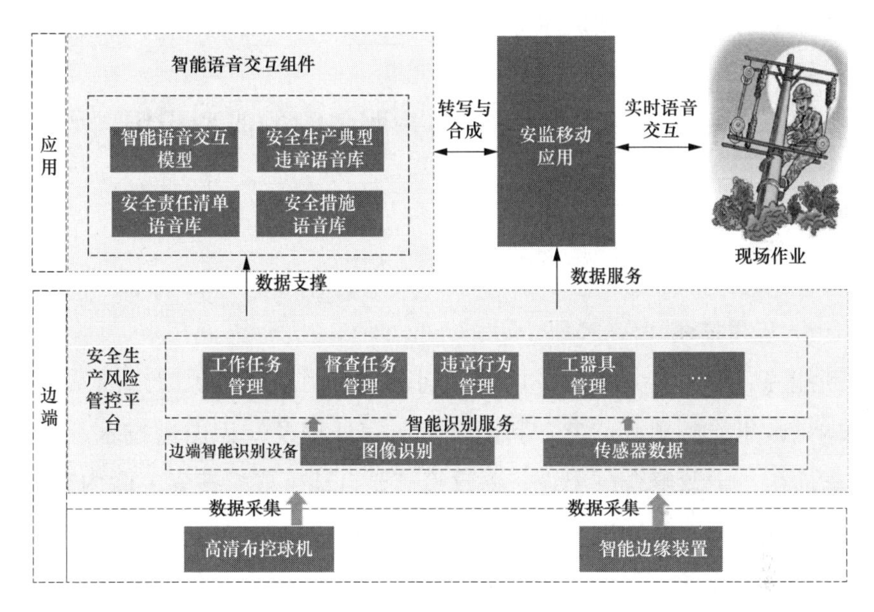

图 4-17　智能语音技术可在安全生产风险管控平台实现的功能

（1）通过语音合成、人机交互等人工智能技术，构建情感语音平均声学模型和语音交互模型，实现复杂环境下的语音识别，提升现场作业安全智能化管控水平。

（2）基于语音交互模型，采用语音指令在一线员工进行作业时提供语音指导与语音记录，实现作业人员在复杂外界环境中对语音指令的识别与响应。

（3）构建安全生产典型违章语音库，对现场违章、违规行为进行语音播报，包括登高、未戴安全帽、区域入侵等多种违规场景，形成全方位发现、精准识别、明确上报、及时处理的完整业务闭环。

（4）构建安全责任清单与安全措施语音库，针对不同类型的作业现场，自动匹配对应的语音库数据，在作业前、作业中进行语音播报与宣贯，时刻提高现场作业人员的安全意识，为安全作业保驾护航。

(5) 通过智能语音交互技术，实现移动应用的智能专家助手，为现场作业人员提供语音导航服务，智能识别作业人员发起的文本、语音内容，分析作业人员诉求主题，实时检索诉求对应的解决方案并答复现场人员，为安监业务的开展提供便捷服务。

第三节　人工智能在客户服务中的典型应用

一、新能源云智能服务典型应用

(一) 应用描述

新能源云智能服务应用平台可定期在政府网站、能源门户网站等能源相关网站收集能源领域信息，利用自然语言处理及知识图谱技术，实现全文检索应用、主题聚合应用、能源政策摘要自动生成、搜索关联内容推荐、政策脉络梳理、智能知识问答的功能，提高用户检索能源信息的效率。

(二) 技术方案

新能源云智能服务应用平台的总体架构自上而下划分为应用层、服务层、采集层、数据层及基础设施层，如图 4-18 所示。平台通过收集能源政策等相关信息，对数据进行预处理。平台对采集的数据进行文本处理、内容抽取、主题识别、标签分类等，为主题聚合、政策脉络、信息摘要提供数据基础；以知识图谱的形式展示数据关联，为搜索提供相关关键词扩展推荐；将数据梳理构建为专业知识库，为智能知识问答提供服务支撑。

新能源云智能服务应用平台可实现以下功能：

(1) 通过全文检索应用，实现能源领域文献报道的全方位信息采集，支持跨媒体的全文搜索服务，并集成业务场景的电力词库，为用户提供快捷准确的搜索服务。

(2) 通过主题聚合应用，自动抽取文献报道的主题，运用主题分类技术、个性化推荐技术，根据主题或者关键词实现不同媒体同一事件的自动归纳，达到不同来源文献的自动关联推荐，减小信息噪声对搜索影响。

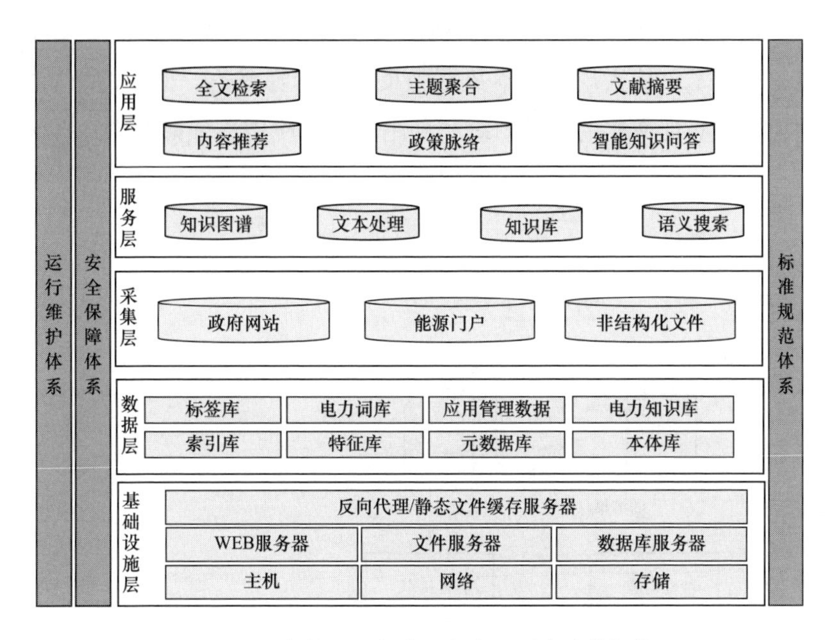

图 4-18　新能源云智能服务应用平台总体架构

（3）构建能源政策摘要自动生成服务，通过文献摘要功能概述文段重要信息，去除噪声信息，比如去除广告等；提取主要信息，如正文论述摘要，提供高效的信息获取方式。

（4）搜索关联内容推荐功能。在实现主题词聚合的基础上，以知识图谱技术为核心进行能源主题词实体、关系提取，事件抽取识别、知识融合。通过基于主题词的知识图谱的关系推理技术，实现与用户所搜索主题词的相关词自动推荐，支持搜索的二次扩展，提高用户搜索效率和搜索体验。

（5）政策脉络梳理功能。通过定性定量的方式，提取关键词的频率属性并通过共词分析的技术，对出现频率高的关键词进行整合聚类，按照时间维度对同一主题进行分析，梳理政策脉络，为用户了解政策发展主线，预判政策的未来走势提供辅助决策信息。

（6）智能知识问答功能。在知识库系统和语料库的基础上，构建知识问答模块，基于用户提问，通过语义分析引擎和机器学习技术从知识库寻找答案，并呈现给用户，提高用户搜索答案的效率。

（7）篇章分析技术应用功能。利用文本分类、主题聚类、相关性分析、协同过滤等技术，从大规模文本数据中集中挖掘隐藏的、潜在的、新颖的和重要的规律，实现文档的有效组织和利用。技术应用流程如图 4-19 所示。

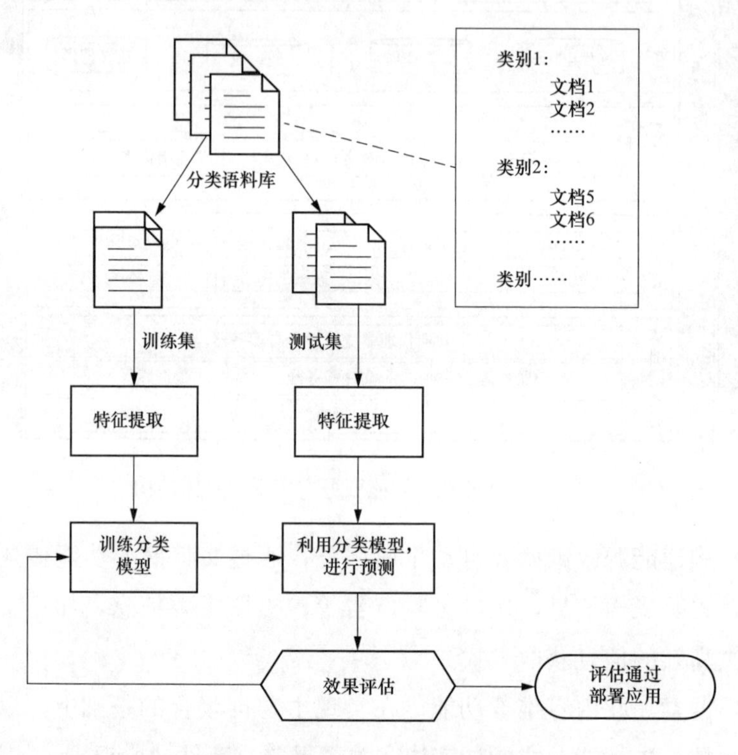

图 4-19　篇章分析技术应用流程

（8）通过文档抽取技术，利用文档关键信息的抽取结果，实现文档目录结构的自动抽取，以结构化形式展示文档信息，如图 4-20 所示。

二、智能客服领域典型应用

（一）应用描述

传统客户服务方式依赖于人工，存在成本高、服务质量提升困难、人为因素影响大和工作重复度高等问题，可利用机器人流程自动化、自然语言处理等技术，面向供电营业厅业务场景拓展 95598 智能机器人服务能力，完成自动填单、电费智能审核、窃电自动预警等智能应用，引导用户从以传统人工服务为主的模式向以自助服务和智能交互服务为主、以人工服务为辅的智能化电力服务新模式转变，提升营业厅客服的工作效率和智能化管理水平。

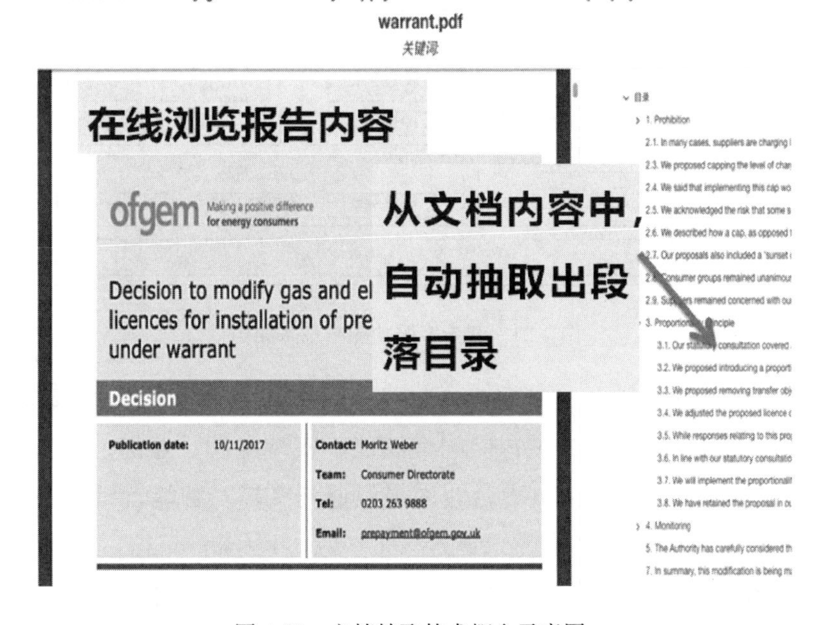

图 4-20　文档抽取技术概念示意图

（二）技术方案

通过智能客服知识图谱、智能语音等人工智能技术，实现实时语音识别、业务问询等业务功能，为电力营业厅业务应用提供支撑，提高用户满意度。智能客服功能与技术架构如图 4-21 所示。

智能客服可以实现以下功能：

（1）通过构建营销专业知识库，基于智能语音技术，实现自动填单、电费智能批阅、实时语音识别等功能，提升智能化程度。

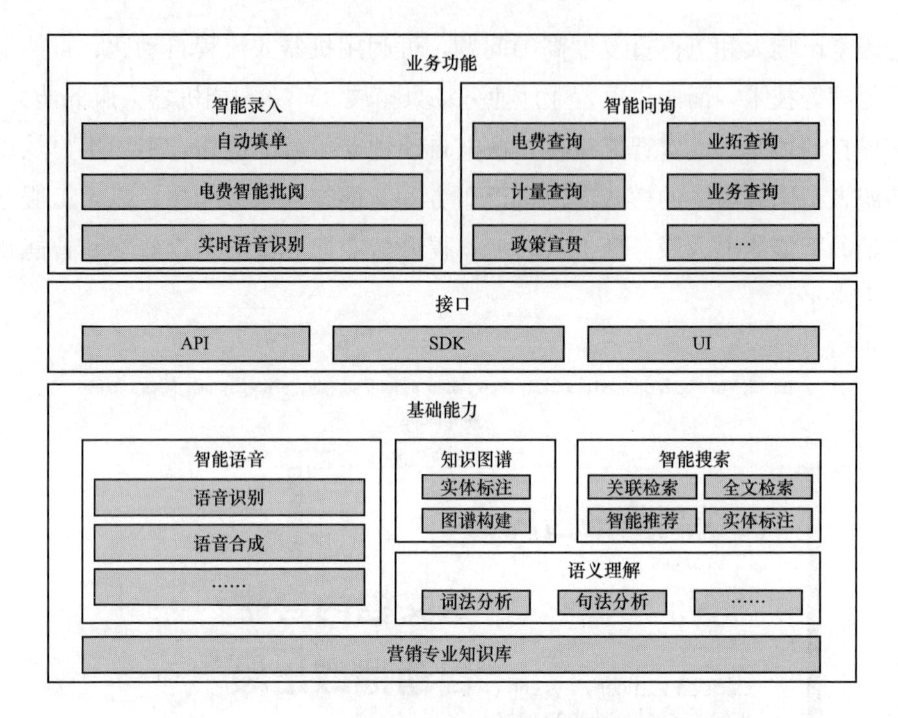

图 4-21　智能客服功能与技术架构

（2）融合智能语音、自然语言处理、营销及客服知识库等技术手段，打造智慧客服机器人，提供智能问询功能，实现电费、业扩、计量、业务政策宣贯等查询功能，为电力营业厅提供业务支撑。智能营销客服应用流程如图 4-22 所示。

（3）通过构建营销客服知识库，融合语音识别、语义理解、自然语言处理等技术，打造营销客服机器人，使其为客户提供 24 小时在线、优质高效的咨询服务，实现业扩报装、电费查询、故障报修等通用业务智能办理，以及智能座席、自动派单、工单受理等业务智能运维。在“互联网＋全媒体”的时代背景下，推进客户服务向电子渠道化、自助化的发展，实现客户诉求的精准智能理解和呼叫中心智能服务水平提升，使电力客户享受精准化、智能化、互动化的高效智慧沟通服务。

（4）智慧问答机器人可自动办理电力营销缴费、业扩报装等业务，自动回答电量、电费、报装进度、电网政策等相关问题，为 95598 电话渠道

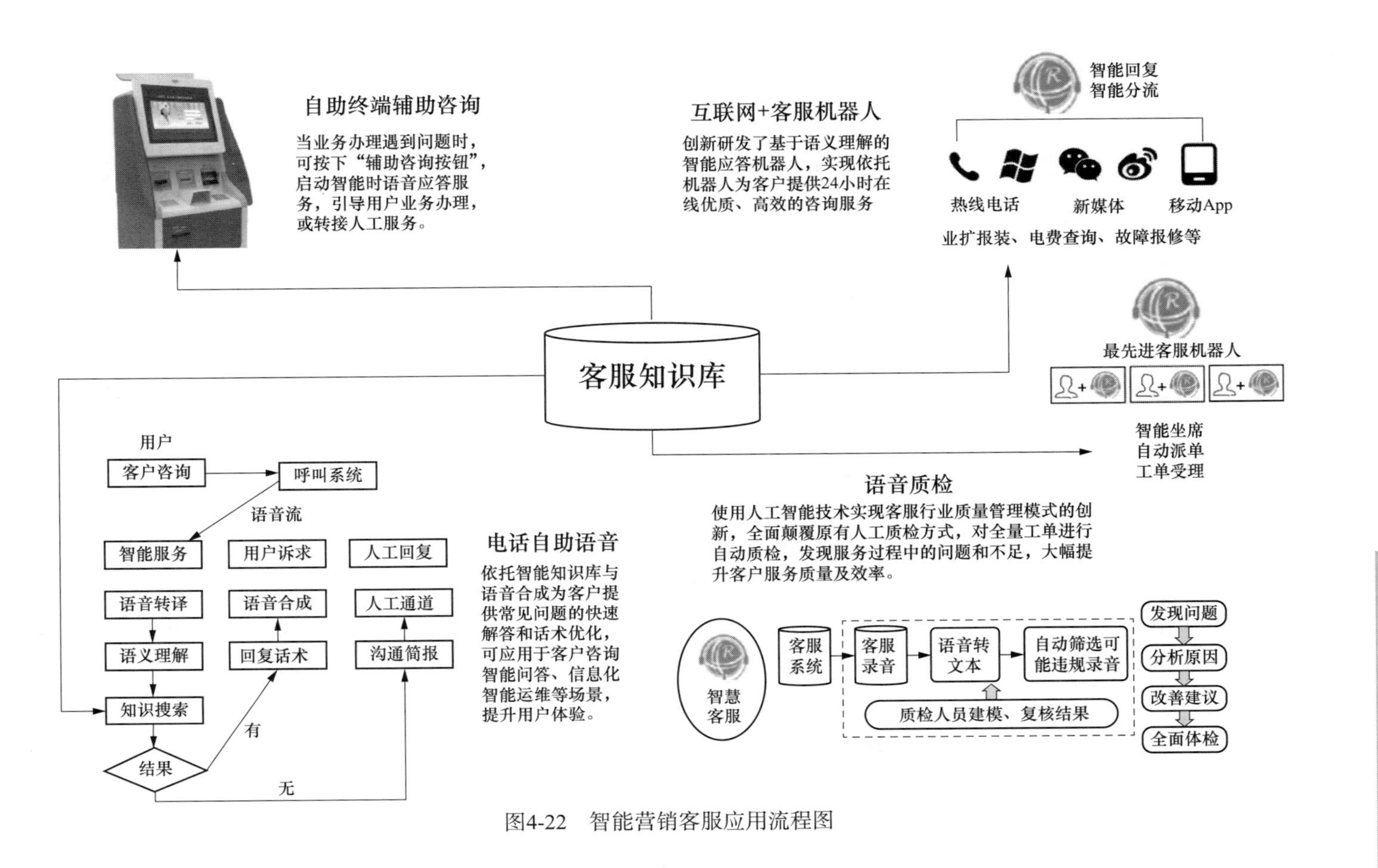

图4-22　智能营销客服应用流程图

及“网上国网”提供智能化支撑，有效提升业务办理效率，为一线客服人员减负，提高用电客户满意度。智慧问答机器人功能架构如图 4-23 所示。

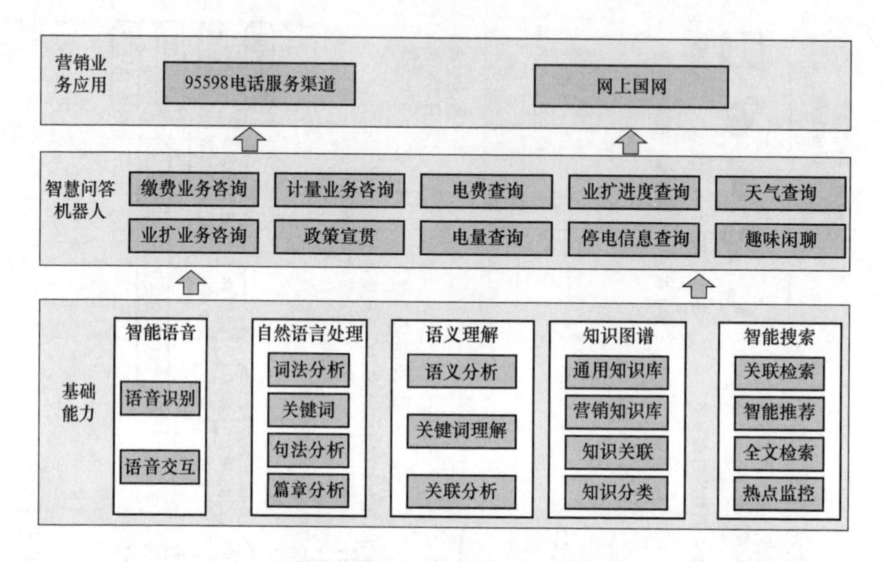

图 4-23 智慧问答机器人功能架构

当前电力公司客服中心业务繁多，并且呈现逐渐增加之趋势，客服人员工作量较大。结合语音识别、语义理解技术，通过智能语音外呼系统，实现工单办理进度通知、业务回访、满意度调查等多种业务类型外呼的自动化、智能化，可部分代替人工，帮助企业提高工作效率、降低运营成本。智慧问答机器人业务处理流程如图 4-24 所示，通过 OCR 技术与 RAP 机器人融合，并利用自然语言处理技术，自动审核各类文档、工单等，进行信息处理、录入，并生成报表或客服信息。

三、智慧供应链结算平台服务

（一）应用描述

近年来，国家提出优化营商环境，缓解民营企业资金压力的要求，传统的供应链结算存在环节多、回款慢等问题，与此同时供应商数量和合同结算量呈现迅猛增长的趋势，面对严峻复杂的内外部形势，提高供应链结算效率已经成为迫在眉睫的问题。

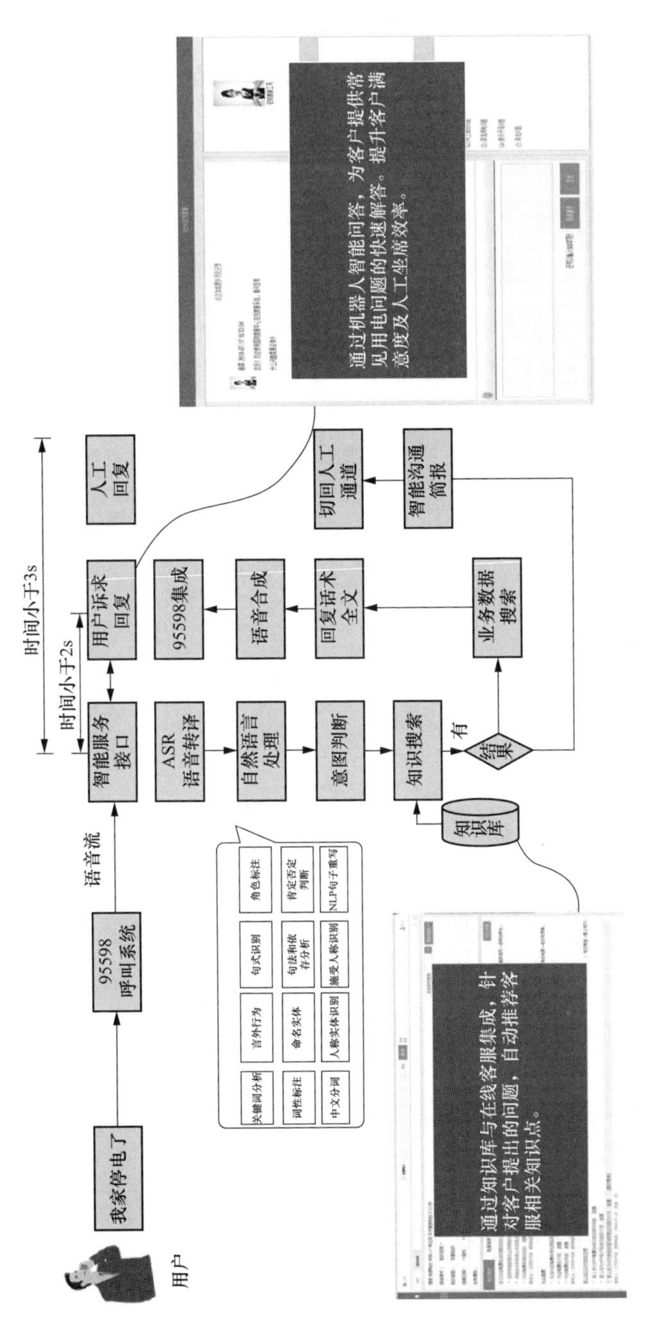

图4-24 智慧问答机器人业务处理流程

（二）技术方案

应用智能语音、知识图谱、OCR 识别等人工智能技术建设智慧供应链结算平台，为供应链结算提供一套完整的技术解决方案，包括多维智能语音服务、商务合同智能计算等功能。

构建物资业务沟通话术模型和专业语音知识库，结合语音识别、语义理解、语音合成等技术，为供应商提供 24 小时智能语音咨询。应用自然语言处理技术对合同文本进行数字化处理，抓取符合支付条件的合同，自动触发智能语音电话，通知供应商开展结算业务，有效提升供应商业务结算效率。智能结算系统界面如图 4-25 所示。

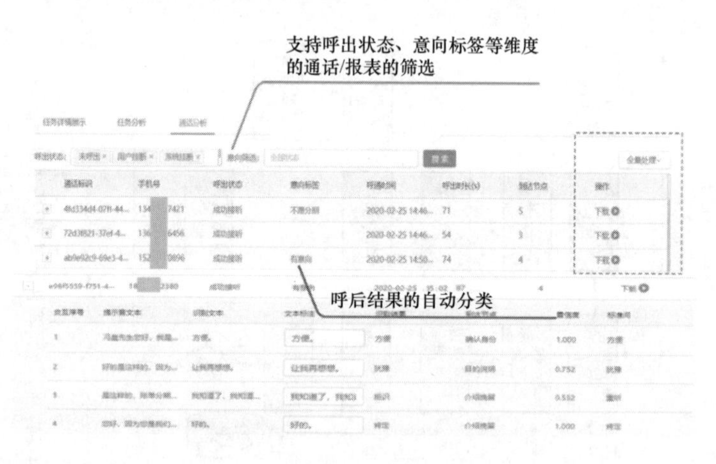

图 4-25　智能结算系统界面

在智能终端集成人脸识别与 OCR 识别技术，自动核实结算人身份及发票，触发资金支付，与业务数据无缝对接，重塑物资供应链、财务价值链，推动合同结算业务跨入一个全新的智能化、数字化时代。

第四节　人工智能在电力场景中的综合应用

一、主设备电力知识服务

（一）应用描述

应用知识图谱、图计算等人工智能技术，对主设备缺陷故障、台账信息、标准规范等各类数据开展知识本体设计、知识图谱构建，支撑智能检索、知识问答、缺陷辅助诊断、故障智能推送等主设备知识类典型应用。

（二）技术方案

如图 4-26 所示，知识服务的开展需要先构建主设备知识库。围绕设备管理的业务主体和业务规则，开展知识服务场景的设计和定义；围绕设备实体，开展设备信息、缺陷故障、技术标准的图谱化关系设计；结合行业技术标准，对业务数据进行知识清洗、本体构建、知识标注及知识抽取，完成知识的图存储；在此基础上，分析缺陷与技术标准的关联关系，开展图谱规则设计，形成主设备知识库。

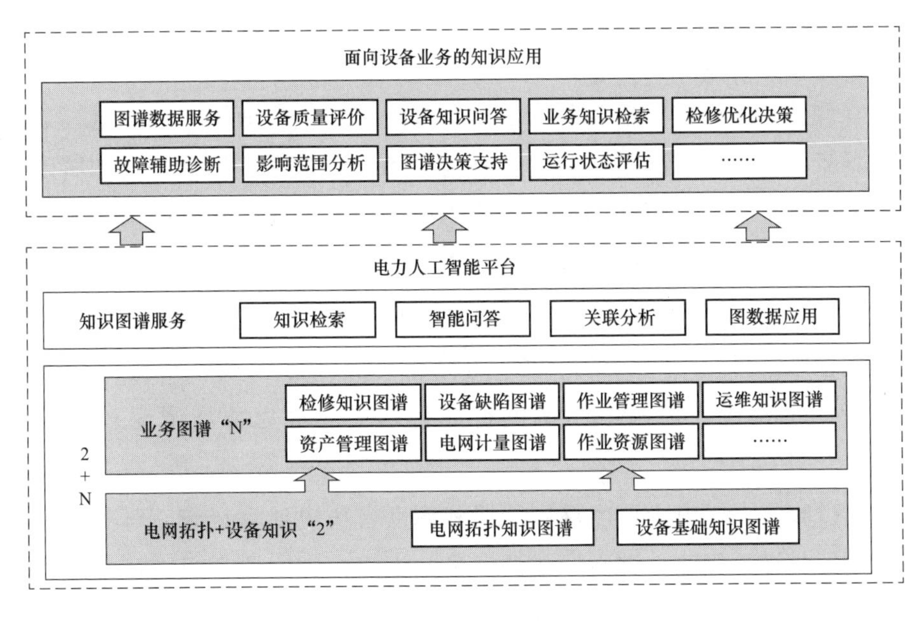

图 4-26　主设备电力知识服务架构

利用知识库和知识图谱等技术进行数据处理与存储、知识计算与推理，围绕主设备文档有序管理、知识精准搜索、运检作业支撑、故障辅助处理、知识查询问答等重点工作内容，实现信息在线检索、资料移动调阅、技术标准智能推荐、故障及缺陷辅助分析等应用。推进运检作业标准化办理，助推现代设备管理体系建设。

二、电力智慧调度系统

（一）应用描述

电力调度存在业务系统繁多、信息量大、内容涉及面广等问题，容易造成业务“枢纽拥堵”效应；且调度工作依赖人工方式处理，对人员知识储备、反应能力和业务经验要求高。在调度工作中，需要对电力负荷进行预测，电力负荷受多种因素影响，预测精准度提升存在极大的困难，同时大量简单重复的调度流程使得调度指挥效率低。因此，引入人工智能技术建立电力智慧调度系统，集成故障处理、监控信号事件化识别、停电范围分析等应用，提高调度工作效率，降低调度员工作强度。

（二）技术方案

在调度的电网监控信息分析、停电范围计算、负荷预测和发电计划编排等场景，依托知识图谱、自然语言处理和语音识别等技术手段和调度控制业务规约，综合分析电网运行、检修计划、发电计划和电网拓扑信息数据，可以完成监控信号的事件化识别、大电网数据的实时仿真和调度的策略控制，实现电网设备故障智能辨识、停电范围智能计算和负荷精准预测。在计划检修许可、故障警告、故障抢修指挥、发停电策略编排等业务场景实现人工替代，提高电网调度智能化水平。电力智慧调度系统架构如图 4-27 所示。

通过收集大量电力调度规则手册和调度台历史通话记录，对其中的业务规则形成样本标注，进而形成调度员知识库；利用语音识别技术对通话记录的语音数据进行识别并翻译为文本数据；利用自然语言处理技术对文本进行分词、命名实体识别、信息抽取、意图识别等操作以理解文本的含义；通过大量的实际告警信息来增强训练，提升调度模型的泛化能力和预警信息感知能力，进而能够在系统出现告警信息时为调度员提供有效的可参考的调控策略。将电力调度信息查询、决策和告警信息处理等工作由传统人工查找、人工经验的方式转变为由人工智能技术手段完成，辅助调度员进行告警信息处理和应急响应决策。

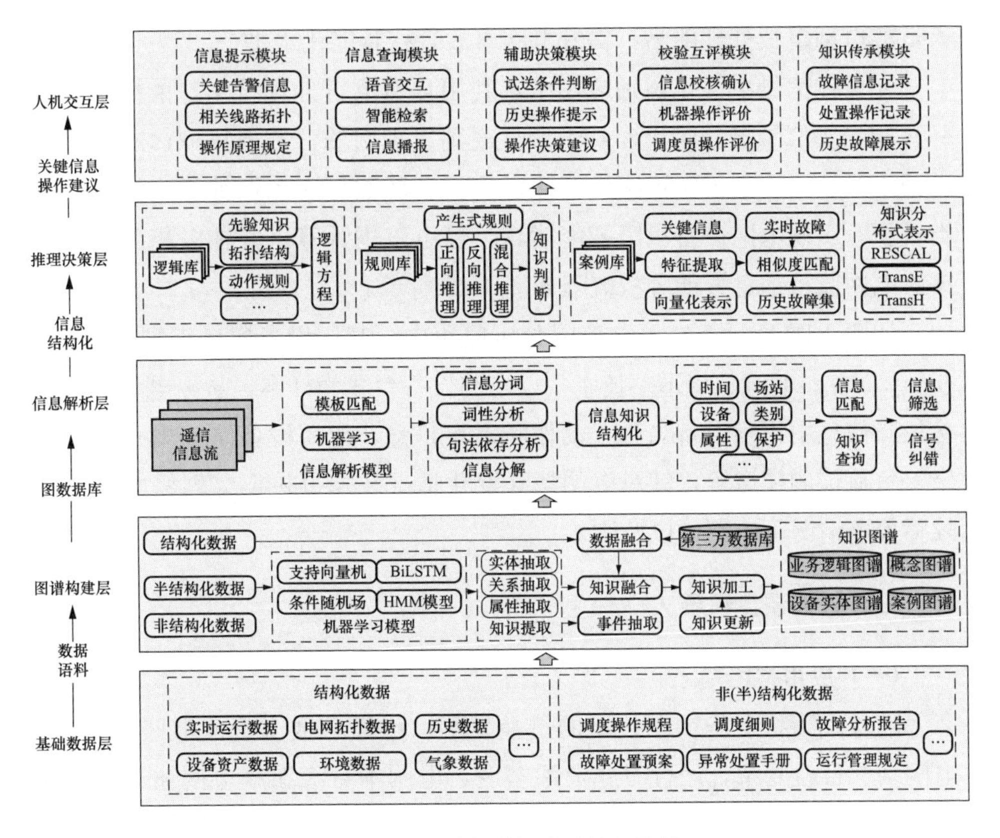

图 4-27 电力智慧调度系统架构图

在故障处理应用中，基于电网运行数据、气象数据、调度规程、处置预案、历史故障处理经验、调度细则等数据，采用机器学习技术建立故障知识的相关实体、关系与属性，形成多层级的电网故障处理知识图谱。基于知识推理引擎，构建电网故障知识解析、信息筛选、核心知识匹配校验、故障类型判断、试送条件判断与试送端选择等模型，实现故障处理动态知识路径的自动推理判断。针对线路、母线、主变压器等设备故障，提供关键参数及周边拓扑、主保护、重合闸、安全自动装置等设备实体运行信息，为电力调度人员提供相关的调度细则、处置预案、调度规程、监控异常处置方式等操作知识的查询，推送电网薄弱环节、线路试送条件判断依据及试送操作处置建议，并及时推送故障发生时海量多元的调度知识，为调度人员提供丰富的辅助决策建议，可显著提升故障处理效率，有效增强调度人员的电网事故处理能力，提升电网事故管控智能化水平。

在监控信号事件化识别应用中，利用自然语言处理技术，依托间隔对一次和二次信号统一建模，基于事件规则发现引擎，实现故障诊断信息的自动生成。应用基于知识图谱构建电网设备图数据库和图神经网络事件分类模型，实现电网设备故障智能辨识、停电范围计算，并辅以相关决策方案。电网监控信息智能分析流程如图 4-28 所示。

如图 4-29 所示，在停电范围分析应用中，基于设备实体识别（named entity recognition，NER）技术，以电网设备台账为样本，从停电计划或设备故障信息中识别设备名称、动作状态等信息，应用设备停电规则分析引擎、负荷预测模型等，针对电网拓扑变化情况快速分析出计划停电或设备故障停电情况下电网停电范围。

三、智能调度机器人

（一）应用描述

随着我国特高压输电技术的迅速发展，已经形成交直流混联大电网，电网结构日益复杂，运行方式灵活多变，电网本身潜在风险增加，单一故障若不及时阻断则容易引发连锁故障，调控人员工作量显著增加，人工处置风险大。通过人工智能技术，构建虚拟调度机器人，解决调度过于依赖人工经验、处置故障时间长等问题。

（二）技术方案

智能调度助手业务处理流程如图 4-30 所示，智能调度助手应用随机矩阵、知识图谱自动化构建、多智能体深度强化学习、人机交互等人工智能技术，实现调度状态快速辨识、调度知识自动学习、调度决策全局优化等智能化功能，并通过关联前后语境进行人机语音高效交互，有效缩短故障处理时间。

四、综合能源服务

（一）应用描述

国家电网公司为实现“建成具有中国特色国际领先的能源互联网企业”

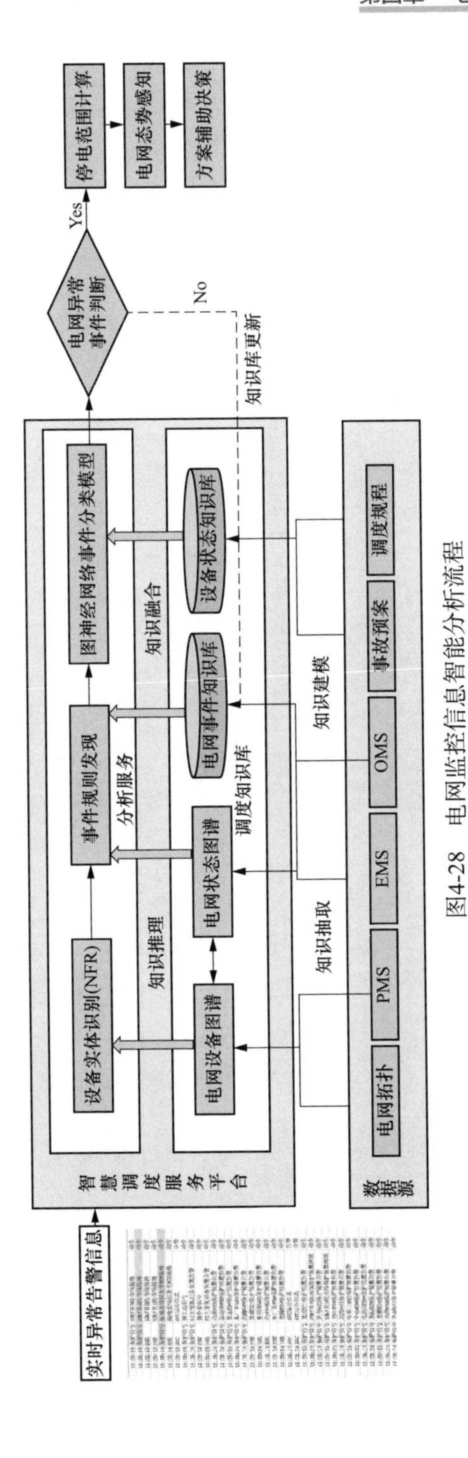

图4-28　电网监控信息智能分析流程

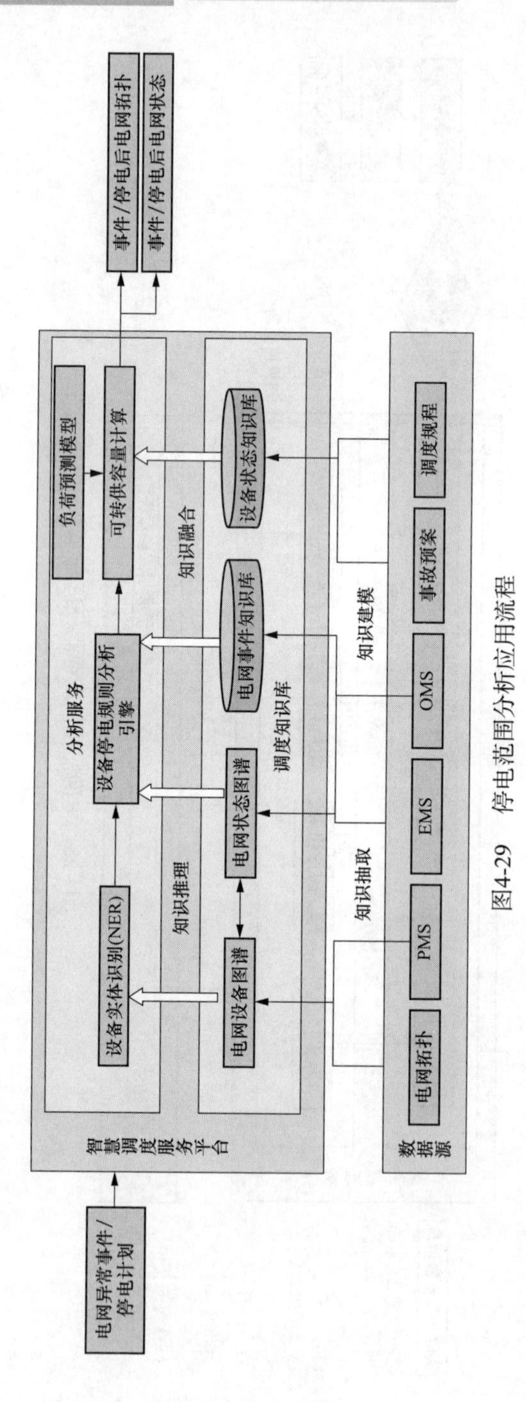

图4-29 停电范围分析应用流程

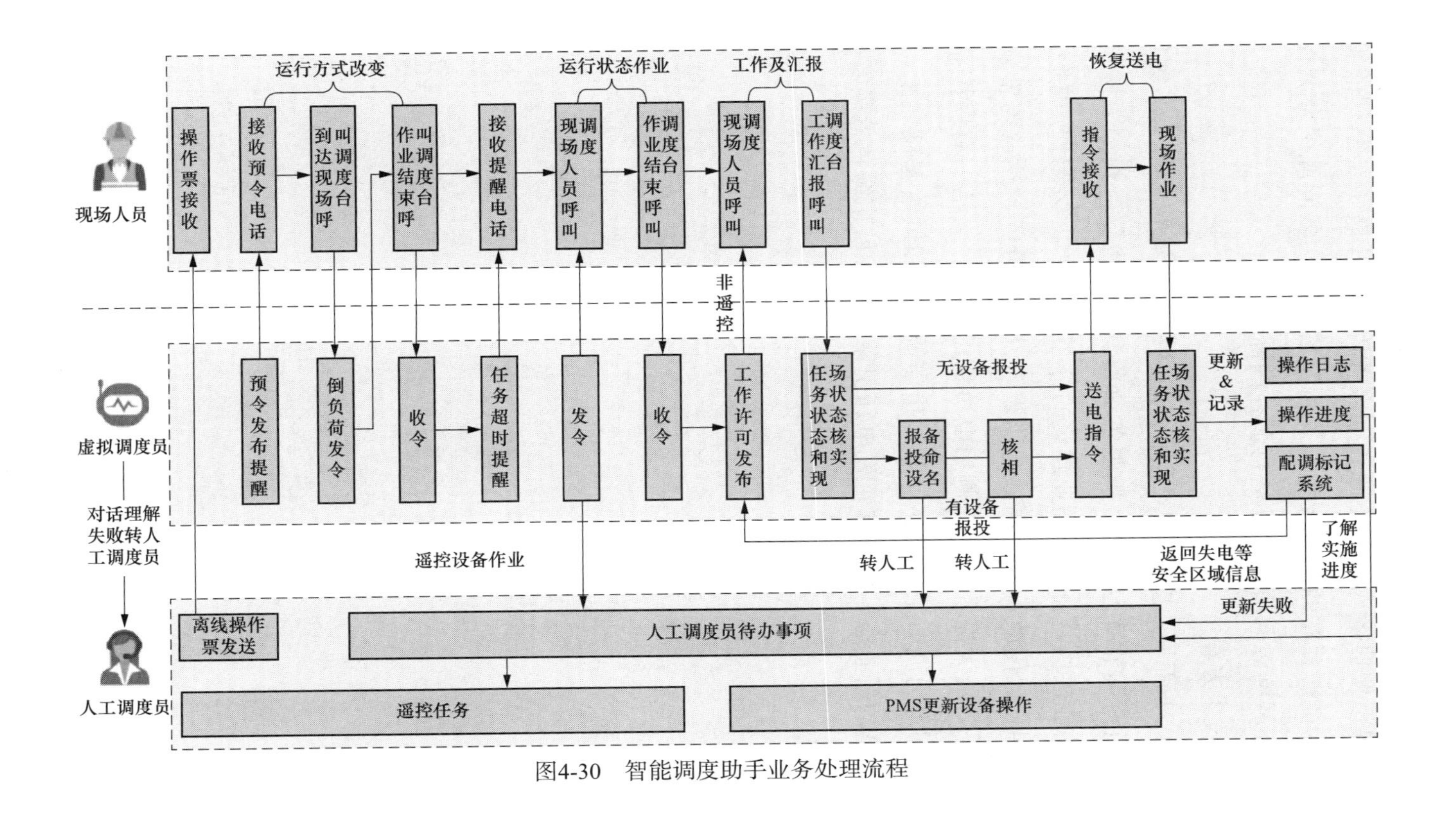

图4-30　智能调度助手业务处理流程

的战略目标，运用人工智能技术在能源互联网、能源综合利用效率优化、多元主体灵活便捷接入、新能源咨询服务等方面开展了一系列的工作。虚拟电厂作为能源互联网的重要组态，可实现区域性多能源聚合调控，适应未来能源互联网源网荷储互动运行调控的需求。

（二）技术方案

如图 4-31 所示，虚拟电厂运用神经网络、边缘智能等人工智能技术，利用柔性负荷调节潜力评估、极限负荷预测、基线负荷预测、楼宇本地自治控制等功能模块，将城市商业建筑的分布式资源以多维建模的形式聚合，实现闲散用户、闲散资源的高效分类聚合及优化分配，达成与常规放电厂的同等效果，极大提升了用户侧用电负荷的精准、灵活、有序控制，同时丰富了电网电力调节手段，在保障城市能源安全和供给基础之上，打造能源价值共享的新业态，构筑绿色发电新引擎，服务城市绿色低碳发展。

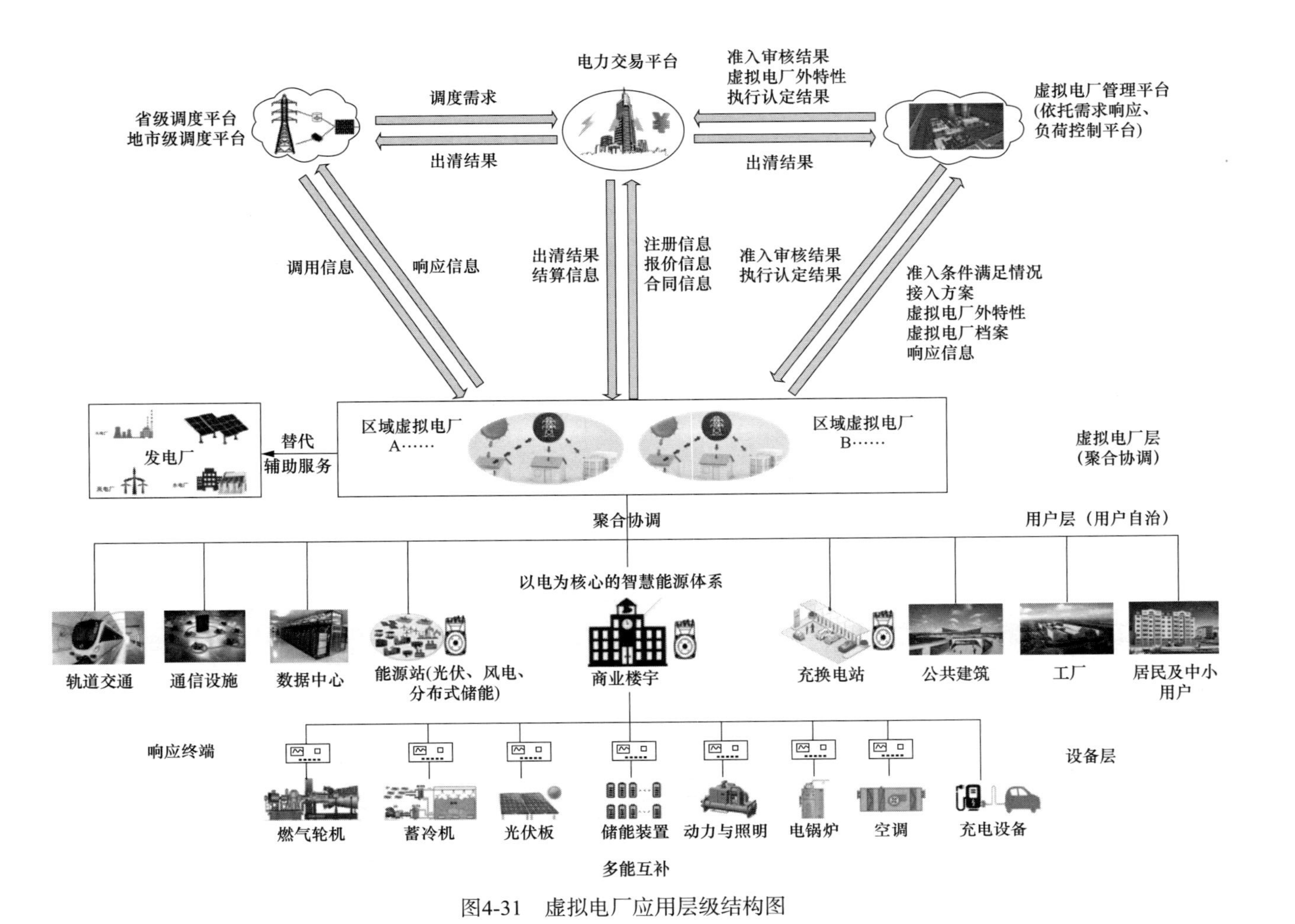

图4-31 虚拟电厂应用层级结构图

参 考 文 献

[1] 毕天姝，倪以信，杨奇逊．人工智能技术在输电网络故障诊断中的应用述评［J］．电力系统自动化，2000（02）：11-16.

[2] 危辉，潘云鹤．从知识表示到表示：人工智能认识论上的进步［J］．计算机研究与发展，2000，37（7）：7.

[3] 韩祯祥，文福拴，张琦，人工智能在电力系统中的应用［J］．电力系统自动化．2000，24（2）：9.

[4] 宋少群，朱永利，于红．基于图论与人工智能搜索技术的电网拓扑跟踪方法［J］．电网技术，2005（19）：5.

[5] 石李妍，叶绿，唐川．我国5G与人工智能融合发展研究态势——基于文献计量与知识图谱［J］．世界科技研究与发展，2021，43（6）．

[6] 黄海源，赵子豪，张海刚，等．基于改进Faster R-CNN模型的水面漂浮物检测方法［J］．计算机科学与应用，2021，11（12）：9.

[7] 冯悦，李光．法国人工知能发展政策及启示［J］．科技管理研究，2021，41（14）：8.

[8] 王振国，贾飞，余洋．其于人工智能技术的电网故障诊断与预警系统［J］．黑龙江电力，2021，43（3）：5.

[9] 陈俊芬，赵佳成，翟俊海，等．基于无监督学习视觉特征的深度聚类方法［J］．南京航空航天大学学报，2021，53（5）：8.

[10] 何小宇，汤闰．无监督学习下移动电费收缴数据异常波动辨识［J］．信息技术，2021，45（7）：5.

[11] 吴应良、韦岗，李海洲．一种基于N-gram模型和机器学习的汉语分词算法［J］．电子与信息学报，2001，23（11）：6.

[12] 叶圣永，王晓茹，刘志刚，等．基于受扰严重机组特征及机器学习方法的电力系统暂态稳定评估［J］．中国电机工程学报，2011，31（1）：6.

[13] 徐昱，裘愉涛，侯伟宏，等．变电站二次测试中智能语音控制关键技术研究［J］．电力系统保护与控制，2020，48（5）：9.

[14] 卢达兴，李水明，邵长春．基于智能语音识别的机器人研究应用［J］．电子测试，2020（9）：2.

[15] 邱志斌，石大寨，况燕军，等．基于深度迁移学习的输电线路涉鸟故障危害鸟种图像识别［J］．高电压技术，2021，47（11）：10.

[16] 朱阳光，刘瑞敏，黄琼桃．基于深度神经网络的弱监督信息细粒度图像识别［J］．电子测量与仪器学报．2020，32（2）：8.

[17] 蒲天骄，谈元鹏，彭国政，等．电力领域知识图谱的构建与应用［J］．电网技术，2021，45（6）：2080-2091.

[18] 李鹤，冉妮，王蔚．基于知识图谱的语音情感识别研究分析［J］．计算机技术与发展．2020，30（6）：6.

[19] Negnevitsky M. artificial intelligence：a guide to intelligent systems［J］. Information & Computing Sciences，2005，48（48）：284-300.

[20] Wang F. Proceedings of the national cofterence on artificial intelligence［J］. Springer Verlag. 2011，36（5）：823-834.

[21] Wenger E. Artificial intelligence and tutoring systems：computational and cognitive approaches to the communication of knowledge［J］. artificial intelligence & tutoring systems，1986，23（1）：433-460.

[22] Witten I，Frank E，Hall M，et al. Data mining：practical machine learning tools and techniques，3rd（The morgan kaufmann series in data management systems）［J］. Acm Sigmod Record，2011，31（1）：76-77.

[23] Chen B，Chen X，Bing L，et al. Reliability estimation for cutting tools based on logistic regression model using vibration signals［J］. Mechanical Systems & Signal Processing，2011，25（7）：2526-2537.

[24] Shevade S K，Keerthi S S，Bhattacharyya C，et al. Improvements to the SMO algorithm for SVM regression［J］. IEEE Transactions on Neural Networks，2000，11（5）：1188-1193.

[25] Keerthi S S. Efficient tuning of SVM hyperparameters using radius/margin bound and iterative algorithms［J］. IEEE Transactions on Neural Networks，2002，13（5）：1225.

[26] Bruzzone L，Member S，Chi M，et al. A novel transductive SVM for the semisupervised classification of remote sensing images［J］. 2006，44（11）：3363-3373.

[27] Albaqami H，Hassan G M，Subasi A，et al. Automatic detection of abnormal EEG signals using wavelet feature extraction and gradient boosting decision tree［J］. Bio-

medical Signal Processing and Control，2021，70（2）：102957.

［28］ Priya E，Resnet based feature extraction with decision tree classifier for classificaton of Mammogram Images ［J］. Turkish Journal of Computer and Matheratics Education（TURCOMAT），2021，12（2）：1147-1153.

［29］ Jian Y，David Z，Frangi A F，et al. Two-dimensional PCA：a new approach to appearance-based face representation and recognition ［J］. IEEE transactions on pattern analysis and machine intelligence，2004，26（1）：131-137.

［30］ Bakshi B R. Multiscale PCA with application to multivariate statistical process monitoring ［J］. Aiche Journal，2010，44（7）：1596-1610.

［31］ Sadiq M J，Prof A，Kaleem A，et al. Content based image retrieval system using K-means and KNN approach by Feature Extraction ［J］. International Journal of Computer Science & Communication Networks，2021，5（6），391-399.

［32］ Huang B，D Zheng，Sun X，et al. Valve stiction detection and quantification using a K-Means clustering based moving window approach ［J］. Industrial & Engineering Chemistry Research，2021，60（6）：2563-2577.

［33］ Ren S，He K，Girshick R，et al，Faster R-CNN：towards real-time object detection with Region Proposal Networks ［J］. IEEE Transactions on Pattern Analysis & Machine Intelligence，2017，39（6）：1137-1149.

［34］ Chiu J，Nichols E. Named entity recognition with Bidirectional LSTM-CNNs ［J］. Computer Science. 2015，7（4）：357-370.

［35］ CC White. A survey of solution techniques for the partially observed Markov decision process ［J］. Annals of Operations Research，1991，32（1）：215-230.

［36］ Iwata K，Ikeda K，Sakai H，A statistical property of multiagent learning based on markov decision process ［J］. IEEE Transactions on Neural Networks，2006，17（4）：829-842.